我们
爱科学
精品书系
唐猴沙猪学数学丛书

寒木钓萌／著

千里定胜负

DIANLI

DINGSHENGFU

中国少年儿童新闻出版总社
中国少年儿童出版社
北　京

图书在版编目（CIP）数据

千里定胜负 / 寒木钓萌著 . -- 北京 : 中国少年儿童出版社 , 2020.9
（我们爱科学精品书系 . 唐猴沙猪学数学丛书）
ISBN 978-7-5148-6404-5

Ⅰ . ①千… Ⅱ . ①寒… Ⅲ . ①数学 – 少儿读物 Ⅳ . ① O1-49

中国版本图书馆 CIP 数据核字（2020）第 177988 号

QIANLI DINGSHENGFU
（我们爱科学精品书系·唐猴沙猪学数学丛书）

出版发行：	中国少年儿童新闻出版总社 中国少年儿童出版社

出 版 人：孙柱
执行出版人：赵恒峰

策划、主编：王荣伟	著：寒木钓萌
责任编辑：李雪菲	封面设计：森 山
插 图：孙轶彬	装帧设计：朱国兴
责任印务：刘 潋	

社 址：北京市朝阳区建国门外大街丙 12 号	邮政编码：100022
编辑部：010-57526126	总编室：010-57526070
发行部：010-57526608	官方网址：www.ccppg.cn

印刷：北京盛通印刷股份有限公司

开本：720mm × 1000mm 1/16	印张：9
版次：2020 年 9 月第 1 版	印次：2020 年 9 月北京第 1 次印刷
字数：200 千字	

ISBN 978-7-5148-6404-5	定价：30.00 元

图书出版质量投诉电话 010-57526069，电子邮箱：cbzlts@ccppg.com.cn

作 者 的 话

我一直很喜欢《西游记》里面的唐猴沙猪，多年前，当我把这四个人物融入到"微观世界历险记"等科普图书中时，发现孩子们非常喜欢。后来，这套书还获了奖，被科技部评为2016年全国优秀科普作品。

既然小读者们都熟悉，并且喜爱唐猴沙猪这四个人物，那我们为什么不把他们融入到数学科普故事中呢？

这就是本套丛书"唐猴沙猪学数学"的由来。写这套丛书的时候我有不少感悟。其中一个是，数学的重要不光体现在平时的考试上，实际上它能影响人的一生。另一个感悟是，原来数学是这么的有趣。

然而，要想体会到这种有趣是需要很高的门槛的。这直接导致很多小学生看不懂一些趣味横生、同时又非常实用的数学原理。于是，趣味没了，只剩下了难和枯燥。

解决这个问题就是我写"唐猴沙猪学数学"丛书的初衷。通过唐猴沙猪这四个小读者们喜闻乐见的人物，先编出有趣的故事，再把他们遇到的数学问题掰开揉碎了说。一开始，我也不知道这种模式是否可行，直到我在几年前撰写出"数学西游记"丛书，收到了大量的读者反馈后，这才有了信心。

后来，有个小读者通过寒木钓萌微信公众号联系到我。他说手上的书都快被翻烂了，因为要看几遍才过瘾。他还说，他们班上有不少同学之前是不喜欢数学的，而看了"数学西游记"丛书后就爱上了数学。

因为读者，我增添了一份撰写"唐猴沙猪学数学"的动力。

非常高兴，在《我们爱科学》主编和各位编辑的共同努力和帮助下，这套丛书终于出版了。

衷心希望，"唐猴沙猪学数学"能让孩子们爱上数学，学好数学！

你们的大朋友：寒木钓萌

2020年9月

CONTENTS

目录

千 里 定 胜 负

QI A N L I

D I N G S E H N G F U

节约时间巧煎饼 …………………… 2

欠债还钱 …………………………… 15

做题解争端 ………………………… 38

回到战国看赛马 …………………… 49

千里定胜负 ………………………… 61

餐馆里的争执 ……………………… 70

头疼的遗产分配 …………………… 84

恐怖游戏 …………………………… 97

小唐同学的遭遇 …………………… 111

对战两囚徒 ………………………… 125

　　小唐同学、悟空、八戒和沙沙同学跨越千山万水，到西天取经这事儿，想必同学们全知道。

　　但你们知道吗？为了学习数学，取得数学这本"经"，他们师徒四人再一次西行了。跟以前不同的是，为了一路上有人在数学上给他们答疑解惑，他们"抓来"了一个叫寒老师的人，此人数学很棒。另一个不同是，沙沙同学这次变聪明了，他不想再一路挑着担子。不得已，寒老师便提出了一个解决方案：西行路上，唐猴沙猪谁把题目做错了，谁就挑一天的担子。

　　就这样，他们上路了。

　　运筹帷幄是数学，它是数学里面的运筹学；囚徒困境的故事也是数学，它是数学里面的博弈论；宇宙那么那么大，可为什么我们还没有发现外星人？这是数学上的悖论，即费米悖论……

　　所以不用怀疑，数学世界里真是不缺故事，神奇的，有趣的，让人大开眼界的，使人大笑不止的，应有尽有。还等什么呢，同学们快快打开本书，与唐猴沙猪一起进入数学的趣味世界吧！

节约时间巧煎饼

　　为了学习数学，唐猴沙猪和我再次一路西行，来到了一座现代化的城市。

　　走在繁华的大街上，我们正要打听这是哪里时，突然，从我们身后急急忙忙地走来3个西装革履的中年男子，他们都拿着高档的公文包，穿着锃亮的黑色皮鞋。其中一个人戴着一副金边眼镜，另一个人戴着一个大金戒指，还有一个人什么也没戴，他头顶上的头发很少。

　　这3个人匆匆忙忙，那个秃顶男从小唐同学旁边经过时，不小心撞了一下小唐同学挑着的担子，小唐同学没有掌握好平衡，打了个趔趄，差点儿摔倒。

小唐同学指着秃顶男说："你怎么回事？走路这么不小心！"

"你挡着我的道，我没埋怨你就算好的了！"那个秃顶男回过头说了一句，然后就快步走了。

"什么？"要不是挑着担子，小唐同学肯定会气得跳起来。他正要跟秃顶男理论，可是那3个人已经走远了。

"算啦算啦。"沙沙同学说，"师父，你不用跟他们一般见识。"

"你们看，那3个人在那里。"悟空指着前方十几米远的地方。那是一个小店，好多人正在那里排队买什么东西。大家仔细一看，小店的上方挂着一个牌子——"天下第一饼"。

"这小店什么牛都敢吹，还'天下第一饼'呢。"小唐同学说，"也许饼很难吃。"

"我看不是，难吃会有那么多人排队购买吗？'天下第一饼'的招牌虽然有点儿夸张，但是饼肯定很好吃。"我说。

"你们瞧！"八戒手指前方，"那3个人居然插队排到前面去了！真是不像话，我要去说说他们！"说完，八戒快步走了过去。

我们也赶紧跟过去。

"你本来排在后面，怎么插队到第二个了？"八戒指着戴金戒指的那个人，"还有没有素质啊？"

他们3个人只有金戒指男排在队伍中，其他两人在队伍外等候。听见八戒这么说，队伍外的一个人走了过来，他就是刚才撞小唐同学的那个秃顶男。他指着八戒说："关你什么事呀？我们刚才给了排在这里的那个人50元，让我们站在他的位置上，而他排到队伍最后面去了，这有什么不妥吗？"

"有钱就了不起吗？"八戒回敬道。

"你说对了，就了不起！"秃顶男又说。

"算啦算啦。"队伍中的金戒指男对秃顶男说，"马

上就轮到我们了，时间这么紧，别跟他们废话了。"

"你要几个饼？"店老板问金戒指男。

"3个！速度要快，我们赶时间！"金戒指男一边说，一边看了一下手表，"必须在16分钟之内做好。"

"我办不到。"店老板说。

"怎么就办不到了？"金戒指男反问。

"你看，我这煎锅一次只能煎两个饼，把饼的一面煎好需要5分钟，饼的两面都煎好需要10分钟。第三个饼，把两面都煎好也需要10分钟，加起来就是20分钟。所以，我办不到。"店老板无奈地说。

"办不到，你就想想办法嘛。"金边眼镜男走过来，"我们真的很着急，要去赶飞机。"

"小伙子，你让我怎么想办法呀？"店老板为难了，"难道要我压缩煎饼的时间，每一面只煎4分钟？"

"这又有何不可呢？"金边眼镜男笑笑，"你肯定有办法的。"

"那不行！每个饼的一面如果只煎4分钟，那么饼就会不好吃，这会砸了我'天下第一饼'的招牌，坚决不行！"店老板一脸坚定，摆摆手。

八戒上前劝解道："人家是祖传的招牌，你们就别为难店老板了。"

"我倒要看看，你这招牌值多少钱！"金边眼镜男有点儿生气。

"给你300元，你干不干？"

"不干！"店老板说。

"500元！"金边眼镜男加了钱。

"不干！"店老板说。

"800元！"金边眼镜男面不改色，一副财大气粗的嘴脸。

"小伙子，你们为何要这样为难我？我……我不能干，这是我祖传的招牌。"店老板开始有点儿害怕了。

"我干！"推开八戒，我对金边眼镜男说，"要不了16分钟，只给我15分钟，我让店老板给你煎好3个饼。"

"你？"金边眼镜男一脸不相信地看着我。

"我保证既不砸店老板的招牌，又能满足你们的时间要求。"

"呵呵，是吗？"秃顶男冷笑道，"如果你做到了，我们给你800元，但如果做不到，你赔我们800元。"

"好的！"我说。

"寒老师，你傻呀？"小唐同学上来一把拉住我，"千万不要这么干！"

"你别管我！"我一把推开小唐同学。

"开始煎饼吧。"我对店老板说。

"可是，这是办不到的。"店老板一脸为难。

"做到做不到都跟你没关系，你就按照我说的做，饼的每一面煎5分钟就可以。"我说。

"别废话了。"金边眼镜男又看了一下手表，"赶紧开始吧！店老板，你动作麻利点儿！"

于是，店老板把两个饼放在了煎锅里。队伍后面的人也凑过来看热闹，他们看着我们，议论纷纷。

"寒老师，我们师徒四人，你准备卖谁？"沙沙同学走过来，问我。

"卖谁？"

沙沙同学低着头，一脸担心："你又没有800元，我们也没有，待会儿你要是输了，只能把我们其中一个卖掉，才能给人家800元。"

"肯定不能卖八戒，他不值钱。"我扫了一眼唐猴沙猪，"小唐同学还行，他皮肤白，长得又帅，就他可能有人要。"

"寒老师，你……你……你闯大祸了！"小唐同学指了指我，"我们都走啦，你闯的祸你自已承担。"

"要走就走呗，哈哈……"我说。

小唐同学生气了，直跺脚。

说着说着，5分钟过去了，店老板开始把饼翻过来，煎另一面。

"等等，左边这个饼可以翻过来继续煎。"我急忙上前，"右边这个饼先拿出来，换煎第三个。"

店老板看了看我，虽然他平时不是这么干的，但是他明白此刻他要按照我的方法做。

现在的情况是，一个饼已经煎好一面，正在煎第二面。另一个饼也煎好一面了，但它此刻不在锅里。第三个饼才刚刚开始煎第一面，而时间刚刚过去5分钟。

"3个饼，800元。"人群中有个大妈说，"我这还是第一次见到这种事呢。"

"人家不是有钱嘛。"人群中一个大伯说。

那3个人一会儿看看手表，一会儿又看看锅里的饼。

"哎呀！"八戒大喊一声，把那3个人吓了一跳，"你们输了，快给钱吧！"

"你想钱想疯了吧？"秃顶男对着八戒喊道，"事情还没完呢，谁掏钱还不一定！"

"哈哈哈……"悟空也突然大笑起来，"你们真的输了！"

"闭嘴！"金边眼镜男对悟空吼道。但是悟空并不在意，他此刻笑得差点儿直不起腰。

店老板一会儿紧张地看着我们，一会儿紧张地看着锅里的饼，还时不时地看看墙上的时钟。突然，他似乎明白了什么，脸上瞬间露出了笑容，继而又是一脸懊恼的表情。

"真傻！"店老板自言自语，"我怎么就没想到呢！"

那3个人一看店老板这么说，也忽然明白了什么，脸色都很难看。

又过了5分钟，店老板熟练地把左边那个已经煎好两面的饼拿出来，又把之前只煎好一面的那个饼放进锅里煎第二面，同时把右边的那个饼翻过来继续煎另一面。

事情已经很清楚了。时间已经过去了10分钟，还剩下5分钟，而锅里的两个饼再有5分钟就全煎好了。所以，总共用时15分钟。

"不会还没看明白吧？"八戒对那3个人说。

"哼！"金边眼镜男瞥了八戒一眼。

八戒一点儿也不在乎，而是笑嘻嘻地说："为了节约你们的时间，你们现在给钱吧。"

那3个人转过身去，不看八戒。

"想耍赖是不是？"八戒急了。

"不能耍赖！"人群中有个大伯大喊道。

大伯刚说完，人群中其他人也跟着喊起来。

"不能耍赖！"

"对，说话要算数！"

"给人家钱！"

"停！"金边眼镜男高高举起双手，做了一个暂停的手势，"谁说我们要耍赖了？别说是 800 元，就是 8000 元，我们也出得起！"说完，金边眼镜男打开公文包，开始掏钱。

我们一看，甭提有多高兴了。尤其是刚才还生气的小唐同学，此时笑得咧开了嘴。

"拿去！"金边眼镜男掏出 800 元递给我。

八戒伸出手一把抓了过去："寒老师，千万别推辞，请收下！"

"悟空，你数一数，刚才排队的有多少人，今天咱们请他们吃饼。"

　　几分钟后，悟空说："寒老师，一共有13个人，包括那3个人。"

　　"你们请客？谁稀罕！"金戒指男一边接过店老板递过来的3个饼，一边对我们说，"我们自己掏钱！"

　　"那最好不过了。"八戒说完，转向店老板，"刚才排队的10个人的饼，我们包了，一个饼4元，共40元，给你100元，剩下的60元，你再帮我们煎15个饼。"

　　"哈哈哈……咱们走，别在这儿傻站着了，到旁边那家茶馆喝茶去。"悟空大笑着说，又回头叮嘱店老板，"老板，那15个饼，待会儿给我们送到旁边的茶馆去。"

　　"好嘞！"店老板高兴地说。

　　在人群的啧啧声中，我们走进了旁边的一个小茶馆，高高兴兴地喝茶去了。

「知识板块」

煎饼中的数学问题

一个煎锅只能同时煎两个饼，一个饼有两面，煎一面需要5分钟。也就是说，10分钟能煎好两个饼，而要煎好3个饼，按照常规来做，当然需要20分钟的时间。怎样才能节约时间，用15分钟煎完3个饼呢？

现在，我们用A、B、C分别表示3个饼。首先，煎A和B，5分钟过去后，把A翻面继续煎，把B拿出来，再把C放进去，跟A一起煎。又过了5分钟，A煎好了，B和C都还差一面没煎。这下好办了，把B和C没煎的那一面都煎好，正好是5分钟，这样，用时总共是15分钟。

瞧，只要开动脑筋，生活中就能找到节约时间的方法。简单点儿说，这只是生活中的小技巧，而放在数学中，这是一个很大的分支，叫运筹学。怎么理解呢？运筹学其实是在一个复杂的问题中找到最佳方案的学问。它非常有用，无论是在军事上，还是在工农业生产上都有应用。以后，同学们会逐渐接触到更多有关运筹学的数学题。

欠债还钱

　　我们5个人坐在一张古色古香的圆形桌子旁，桌子上放着一壶热茶，每个人都喜笑颜开。

　　"嘿嘿……"八戒凑过来，"寒老师，剩下的那700元，你打算……怎么花？"

　　"怎么花？嗨，怎么花由你们决定！"我说。

　　"我们怎么能替寒老师做决定呢？"小唐同学说，"这是寒老师你赚来的钱，我们怎么能花呢？"

　　"我打算把这700元分成5份，一人一份。"我说。

　　"什么？"八戒一听，激动得站了起来，"寒老师你太好啦！"

"沙沙同学，5个人分700元，一人分多少呢？"我问。

"嗯……700元，5个人，每个人先分100元，然后还剩下200元，200除以5等于40元，所以每个人可以分到140元。"沙沙同学说。

"没错！"说完，我开始把钱分给大家，每人140元。

八戒看着手里的钞票，喜滋滋的："我现在有钱啦！哈哈……"

"八戒，"小唐同学喝了一口茶，不紧不慢地说，"上次你还欠我40元呢。"

"什么？哪次？"八戒急了，"师父，你别诈我。"

"瞧你这记性。"小唐同学还是不紧不慢，"你忘了，那一年，你的裤子破了一个大洞，没办法出门，结果，你跟我借了40元，去买了一条裤子。想起来没有？"

"哦……哦……哦……"八戒终于想起来了，"好，既然要算账，咱们就好好算算。沙沙同学……"

"怎么啦？"沙沙同学本来低头喝茶，听八戒喊他，急忙抬头。

"上次，我借给你30元呢，你瞧，师父找我……"八戒说。

"停停停！"沙沙同学一脸纳闷儿，"二师兄，咱

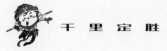
们不用管师父有没有找你要钱，先说说，我何时欠你30元了？"

"你忘了？"八戒说，"10年前，你在大街上挑着担子走路，结果不小心，把一个路过的女孩儿的裙子划了一个大口子，女孩儿让你赔30元，你没有，我出的，你忘了？猴哥肯定记得。"

"对对对，是有这么回事！"悟空连忙说。

"哦……哦……哦……"沙沙同学也想起来了，"好，我也来算算，大师兄……"

"啊？"悟空慌了，"你可不要说我欠你钱。"

"你忘啦？"沙沙同学皱着眉头。

"什么忘不忘，我根本就没有欠你钱。"悟空连连摆手。

"你忘啦？"沙沙同学又说，"七八年前吧，你跟我说，你半年没吃过桃子了，夜里常常梦见吃桃子。可是你又没钱，我知道你的意思，你没开口我就借了你20元。师父可以做证，当时还是他跟你去买的桃子呢。"

"对对对，是有这么回事！"小唐同学急忙说。

"哦……哦……哦……"悟空也终于想起来了，"好嘛，既然要算账，咱们就算算，师父……"

"啊？"小唐同学一听，急忙摆手："悟空，你别诈我。"

"你忘啦？"悟空说。

"你快说。"小唐同学身体一歪，就好像悟空是一枚炸弹似的。

"5年前，你买了一些面条回来煮着吃。"悟空说，"煮之前，师父你咽着口水说，要是有点儿葱花和酱油就更美味了，但是你的钱全拿来买面条了。于是，我主动借给你10元。师父，你想起来了没有？"

"哦……哦……哦……"小唐同学这才坐直了身子，"是有这么回事。"

"呵呵，说开了也好。"沙沙同学说，"那咱们就开始还钱吧。"

"怎么还?"八戒晕了。

"还能怎么还，欠谁多少就还谁多少，谁欠自己就找谁要!"小唐同学说。

"对，别整那些复杂的，容易乱!"八戒补充道。

说完，大家开始掏钱。

"等等!"我说，"你们不要这样还钱，这样显得你们……好像从没学过数学似的。"

"此话怎讲?"悟空问。

"你瞧……"我正要说，结果店老板把饼送来了。

"你们的 15 个饼!"店老板笑嘻嘻地走进了茶馆。

八戒一边咽着口水，一边赶紧把饼接了过来。

"来来来，先吃!"八戒把饼分给大家。

虽然"天下第一饼"的招牌夸张了一些，但是饼真的很好吃。吃口饼，再喝一口茶水，这日子真不错。

10 分钟后，大家差不多吃饱了。八戒吃了两个饼，我和唐猴沙每人吃了一个饼，还剩下 9 个饼，八戒用纸

小心翼翼地把饼包起来，放在箱子里。

"来，寒老师，说说你的还钱方法。"小唐同学喝了一口茶。

"老板，给我一张纸。"我回头对茶馆老板说。

"要笔吗？"茶馆老板问。

"我们有，给一张纸就行。"悟空急忙说。

老板拿来一张纸后，我开始在纸上统计。

"小唐同学，你欠别人多少钱？"我问。

"我只欠悟空10元。"小唐同学说。

"好。"说完，我在纸上这样写：

唐：(10)

"那别人欠你……"我又问。

我话还没说完，小唐同学就抢先说："欠我40元！八戒！"

"好。"说完，我又在纸上这样写：

唐：(10，40)

"你们都过来看！"我对大家招呼道，"括号里面，第一个数字表示小唐同学欠了别人10元，第二个数字代表别人欠他40元，所以，小唐同学要收到30元。"于是，我又在纸上这样写：

唐：(10，40，30)

"这样，最后面的数字'30'就是小唐同学的进账。悟空呢？你欠别人多少，别人又欠你多少？"我抬头看着悟空。

"我欠沙沙同学20元，师父欠我10元。"悟空说。

"好。"说完，我又在纸上这样写：

猴：(20 ，10，−10)

接着，我又问沙沙同学和八戒……之后，我在纸上这样写：

沙：(30，20，−10)

猪：(40，30，−10)

"好啦！"我说，"你们看，放在一起就是这样……"

唐：(10，40，30)

猴：(20，10，−10)

沙：(30，20，−10)

猪：(40，30，−10)

"所以，你们3个只要每人给小唐同学10元就行了，小唐同学收入30元，结束。"我放下手里的那支红笔。

唐猴沙猪一时没有明白过来，个个一脸疑惑的表情。

"寒老师，你这是变的什么魔术呀？"八戒说，"可别搞错了，亲兄弟还明算账呢，搞错了容易引起误会，那可不好！"

"确实不好！"悟空也说。

"咱们来说说，这是怎么回事。"我说。

「知识板块」

用数学化繁为简

生活中，有可能会出现故事中的情况：相识的几个人互相借钱，你欠我的，我欠他的，他又欠你的……看上去乱极了，最笨的办法就是谁欠我，我就找谁，我欠谁就把钱还给谁。

但是，学习数学的目的之一不就是为了化繁为简吗？所以，遇到故事中所说的那种情况，同学们可以不必急于掏钱，为什么呢？

　　从唐猴沙猪 4 个人的债务关系中，可以找到答案。我们可以把"唐猴沙猪"看作一个整体，这个整体可以用下图来表示：

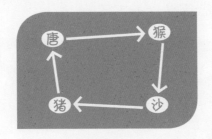

　　这个图只表明了谁欠谁的，欠谁多少不知道。所以，我们把数字标在上面，如下图：

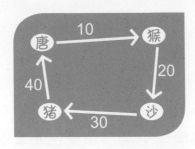

　　从图中我们可以了解到，小唐同学欠悟空 10 元，悟空欠沙沙同学 20 元，而沙沙同学又欠八戒 30 元，最后是八戒欠小唐同学 40 元。

笨办法是，小唐同学掏出 10 元给悟空，悟空又拿出 20 元给沙沙同学，接着，沙沙同学拿出 30 元给八戒，最后，八戒再把 40 元给小唐同学。

聪明的做法是，直接在图上标出每个人的实际所得，如下图：

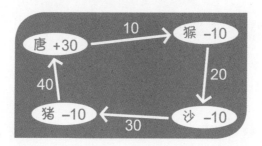

小唐同学收到八戒 40 元的欠款，又拿出 10 元还给悟空，所以，小唐同学进账 30 元；悟空呢，收到小唐同学 10 元的欠款，同时还要拿出 20 元给沙沙同学，所以悟空出账 10 元；以此类推，八戒和沙沙同学也分别出账 10 元。

既然除了小唐同学外，其他人无论如何都要拿出 10 元还债，那么，为什么非得严格按照"欠谁给谁"的规矩办呢？所以，悟空、八戒、沙沙同学每人给小唐同学 10 元，小唐同学最终得到 30 元。

　　小唐同学端起冒着热气的茶杯，喝了一口茶水，又清了清嗓子，然后正儿八经地看着我："寒老师，本来，我们4个人按照'欠谁给谁'的规矩，5分钟不到就能解决的问题，你非得用一小时来解决。唉……真不知道怎么说你才好。"

　　"此言差矣！学习数学就是为了方便解决生活中遇到的各种问题。"

　　"可是，你却用数学把生活搞复杂了。"八戒说，"要不是寒老师你那么大方，分给我们每人140元，其实……"

　　"其实什么？"

　　"其实我早就想打断你了！"八戒说。

　　"我也是。"悟空说。

　　"嗨，难道你们就不觉得，刚才我说的那个办法减少了资金的流动吗？说资金你们也不懂，就是减少了钱的流动。"

　　沙沙同学说："你是减少了资金的流动，却增加了时间的流动，得不偿失啊！"

　　"就是这个意思。"小唐同学拍了一下手，称赞道，"沙沙同学总结得很到位。"

　　"好吧，想象一下，假如你们4位是4家公司的大老板。一天，你们这4位大老板坐在一起喝茶，要过年了，准备把大家欠的账结一下。唐老板欠猴老板1000万，猴老板欠沙老板2000万，沙老板欠猪老板3000万，猪老板欠唐老板4000万。

"理清债务关系后，唐老板开始打电话给下属，说：'你用小车拉来1000万，我有用。'

"猪老板也开始给下属打电话，说：'你用卡车给我拉来4000万，我有用。记住，找人保护好运钞车。要

过年了，你们要小心点儿。'

　　"其他人也一样。你们说，这多麻烦……"

　　"嘿嘿……"八戒打断了我，"寒老师说的有理，只可惜……我们这辈子都不可能成为大老板。"

　　"就你这种思维，你一辈子都成不了大老板。"我看着大家，"还记得咱们此行的目的吗？"

　　"我记得！"小唐同学说，"上路前，我还说，读万卷书，行万里路。如果只知闷头读书，不结合实际，不懂得在生活中应用，那是不行的。"

　　"正确。"我说，"我们要学习数学，就要用身边一切可利用的小事为例进行学习。而且，例子越简单，学习效果越好。刚才你们碰到的问题就很简单，但里面的数学原理却不简单。我刚才用画图的方法给你们解决问题，在数学上，这种方法叫图论。"

　　"寒老师，那你给我们讲讲吧。"悟空说。

　　"今天不早了，以后再说。咱们出发吧。"

　　我们走到大街上，走了一会儿，八戒对小唐同学说："师父，你放下担子。"

　　"怎么啦？"小唐同学放下担子，不高兴地说。

　　"我刚才没吃饱，还想再吃一个饼。嘿嘿……"八戒嬉皮笑脸地走到箱子旁，打开箱子，拿出一个饼就吃。

"怪不得你一直沉默不语，原来是惦记着箱子里的饼。"小唐同学说。

"好啦，别啰唆了，咱们可以走了。"八戒一边吃着饼一边说。

街上人来人往，路边有好多卖东西的，我们的眼睛都看花了。走了一段路，八戒又有事了。

"哎呀！"八戒说，"刚才吃了那个饼后，我又觉得口渴了。"

我们几个谁也没搭理他。八戒见没人说话，突然大叫一声："你们看！"

悟空走在前面，顺着八戒手指的方向，看到一个卖汽水的小摊。那里有一位老爷爷在卖玻璃瓶装的汽水，汽水的颜色是浅绿色的。老爷爷的摊子前还有一个大牌子，上面写着：3个空瓶子换一瓶汽水。

"这等于是买3送1呀！"八戒满脸笑容，就好像能占大便宜似的，"难道你们要错过吗？"说完，八戒就朝卖汽水的摊子走去。

我们也只好跟了过去。

"老爷爷，您的汽水多少钱一瓶？"八戒问。

　　"2元一瓶，3个空瓶子可以换一瓶汽水。"老爷爷笑呵呵地说。

　　"奇怪！"沙沙同学纳闷儿道，"老爷爷，为什么3个空瓶子可以换一瓶汽水呢？这样您不就亏了吗？"

　　八戒抢答道："沙沙同学，你真笨。这还不明白吗？你看这个装汽水的玻璃瓶做得多精致，跟汽水比起来，瓶子也不便宜呢。"

"是的。"老爷爷说，"如果你们喝完后，把瓶子直接扔掉，多浪费啊，还污染环境。不过，如果你们当场喝完，把空瓶子给我，我再拿回去给厂家，厂家消毒后，就能重新利用。这多好呀！"

"我买3瓶！送的那一瓶……"八戒转头看了看我们，"待会儿我再想想送给谁，哈哈……"八戒说着，开始掏钱。

"谁稀罕你送！"小唐同学说着，也准备掏钱，"我们又不是买不起，我也买3瓶！"

"等等！"我说，"如果每个人都是买3瓶送一瓶，那多没意思呀，显得咱们好像从没学过数学似的。"

"这跟数学也有关系？"悟空问。

"当然有了，数学的用处多着呢。"我说。

"我信！"悟空说，"刚才的煎饼问题，寒老师就是利用数学赚了那么多钱，嘿嘿……"

"你们到底买不买？"老爷爷问我们。

"老爷爷，我们当然买了，而且还准备买10瓶。"我说。

"行！"老爷爷笑了起来。

"问题来了！"我看向大家，"待会儿，我们准备集体购买10瓶汽水。3个空瓶子可以换一瓶汽水，那么现在我问，我们最终可以喝到多少瓶汽水？"

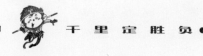

"谁输了谁明天挑担子？"小唐同学问。

"不，谁输了，那10瓶汽水就由他一人付钱。"我说。

"好吧，"小唐同学说，"如果大家都没意见，咱们就开始吧！"

"3个空瓶子可以换一瓶汽水，"悟空开始琢磨起来，"那10瓶岂不是可以换3瓶？10加上3等于13。"

"悟空，可不要小瞧这道题，哪有这么简单。"我说。

"我看他是又想把我们带沟里去！"小唐同学一边说，一边斜着眼看了悟空一眼，接着就坐到箱子上开始认真地思考起来。

几分钟后，沙沙同学说："我做出来啦！寒老师，我给你说说答案吧。"

沙沙同学走到我跟前，在我耳边小声地说出了他的答案。

"你确定？"

"我确定！"沙沙同学拍着胸脯说。

过了一会儿，悟空也做出来了，他也过来说出了他的答案。

只剩下八戒和小唐同学，他俩脸红红的，互相对看了一眼，就像看见仇人似的，又各自思考起来。

八戒慢慢抬起头，小唐同学一看，急忙抢先说道："我做出来了！"

八戒看着小唐同学，欲言又止。

"好啦！"我说，"除了八戒，大家都做出来了！那就……"

"其实我也做出来了，"八戒可怜巴巴地说，"只是师父比我抢先说了。"

小唐同学摆摆手："说这些没用！"

说完，小唐同学过来跟我小声地说出了他的答案。

　　"八戒，你不是做出来了吗？"我说，"你也过来说说你的答案。"

　　"15瓶！"八戒懒得过来，抬头看着我，随口说出了他的答案。

　　"哈哈哈……"唐猴沙听后，笑得差点儿直不起腰。

　　"哈哈，八戒会变魔术了！"小唐同学指着八戒笑着说，"他居然能多变出一瓶，答案应该是14瓶。"

　　"哎呀！"悟空惊喜道，"师父，咱俩的答案一样！"

　　"我也是，我也是！"沙沙同学说着，赶紧找悟空和小唐同学互相击掌庆祝。

　　"但是，只有八戒是对的！"我说。

　　"寒老师，你说什么？"小唐同学的脸僵住了。

　　"确实是15瓶，你们都错了。"

　　"不可能！"悟空说，"寒老师，听我给你说……"

　　"不用说了，还是我给你们说吧。"

「知识板块」

巧换汽水

故事中，3个空瓶子可以换一瓶汽水。如果买10瓶汽水，最终大家可以喝到多少瓶汽水呢？

这道数学题会出现两个错误答案。第一个错误答案是13瓶：10瓶汽水喝完后，可以拿9个空瓶子再换3瓶，总共是13瓶；第二个错误答案是14瓶：既然又换来了3瓶，加上之前剩下的一个空瓶子，那么这4个空瓶子，还可以拿出3个空瓶子再换一瓶，答案就是14瓶。最后换来的那瓶，加上最开始剩下的那个空瓶子，只有2个空瓶子，不能再换了，所以认为14瓶是正确的。

勤于思考的同学还会继续琢磨：怎么利用手上的2个空瓶子再换一瓶汽水？

其实不难，可以找店老板暂时先借一个空瓶子，这样手上就有3个空瓶子了，用它们跟店老板再换一瓶汽水，喝完汽水，把空瓶子还给店老板。所以，正确答案是15瓶。

类似题目，多种解法

空瓶子换汽水的数学题不仅有趣，也非常有用，多做这类题能练习我们的思维。我们再来看看类似的题目：汽水一元一瓶，而2个空瓶子可以换一瓶汽水。你手上有20元，最终可以喝到多少瓶汽水？

解法一：

先用20元购买20瓶汽水，我们先记下数字"20"，表示我们已经喝到的汽水瓶数。得到20个空瓶子后，拿它们换10瓶汽水。我们记下数字"10"，表示我们又喝到了10瓶汽水。得到10个空瓶子后，拿它们换5瓶汽水，我们记下数字"5"。得到5个空瓶子后，拿4个（余1个）换2瓶汽水，我们记下数字"2"。得到3个空瓶子，拿2个（余1个）换一瓶汽水，我们记下数字"1"。得到2个空瓶子，拿2个换一瓶汽水，我们记下数字"1"。此刻，只有一个空瓶子了，先找老板借一个空瓶子，用它和剩下的那个空瓶子换一瓶汽水，我们记下数字"1"。最后，把空瓶子还给老板，抵消刚才借的那个空瓶子。

我们把上面记下的数字全部加起来：20 + 10 + 5 + 2 + 1 + 1 + 1 = 40，答案是 40 瓶。

解法二：

我们先不管 20 元能买多少瓶汽水，单看一元钱到底能喝到多少瓶汽水。

一元钱购买一瓶汽水，得到一个空瓶子，找老板借一个空瓶子，用 2 个空瓶子换得一瓶汽水，喝完后，把空瓶子还给老板，抵消刚才借的那个空瓶子。由此我们得出，一元钱最多可以喝 2 瓶汽水，那么 20 元当然就能喝 40 瓶汽水了。

解法三：

瞧，一元钱能购买一瓶汽水，而 2 个空瓶子可以换一瓶汽水。这里的"换"其实可以当成是"买"。所以，我们也就可以说，2 个空瓶子可以买一瓶汽水。我们就能推断出：一元钱和 2 个空瓶子是等价的，那么一个空瓶子就是 5 角钱。

好了，既然我们已经知道一个空瓶价值5角钱，而一瓶汽水又值一元钱，所以，我们也就能说，一瓶汽水中的纯汽水（不包括瓶子）值5角钱。也就是说，汽水5角，空瓶子5角。显然，如果你想让你的钱花得更有意义，那当然是只用钱买汽水，而不是空瓶子。所以，$20 \div 0.5 = 40$（瓶），你最多能喝到40瓶汽水。

做题解争端

　　啪！坐在箱子上的小唐同学使劲拍了一下大腿："哎呀！真是失算了！"

　　"寒老师，怎么办？"悟空望着我，"我们仨都输了。"

　　八戒抢答道："那还不简单，你们谁要是大方一点儿，比如师父，如果他说'都别折腾了，这钱我出'，这事不就解决了吗？"

　　"不不不！"小唐同学连连摆手，"我的钱又不是大风吹来的！"

　　"你的钱是寒老师送的！"八戒补充道。

　　"你的也是，你来你来！"小唐同学生气地说。

"那这样吧，猜拳。"我说。

"不不不！"沙沙同学连连摆手，"也不知道为什么，今天我的状态特别不好，我对猜拳没有信心，做数学题也许还行。"

"好吧，那还是做数学题吧。怎么样？"我看了看小唐同学和悟空。

"好！"唐猴异口同声。

"题目是这样的。"我说，"一天夜里下起了暴雨，马上就要发洪水了。小强一家就住在河边，他们得赶紧去河对岸山坡上的姑姑家，躲避可能要来的洪水。来到桥边后，他们开始商量怎样才能以最快的速度过桥。因为是黑夜，过桥的时候得有灯，而这个灯是一次性的，打开后只能使用30秒，然后就会灭掉。桥一次只能过2个人，小强是年轻人，而且是运动员，平时经常锻炼身体，所以他过桥只需要1秒，而小强的弟弟过桥要3秒，小强的爸爸过桥要6秒，小强的妈妈过桥要8秒，小强的爷爷因为年岁大了，所以过桥需要12秒。现在问，应该怎样过桥，需要的时间最少？"

"我不卖啦！"老爷爷看着我们说，"我不卖给你们啦！你们几个人婆婆妈妈的，不就是买几瓶汽水嘛，

搞得这么啰唆。"

八戒一听老爷爷不卖啦，着急了，因为他很口渴，忙说："别别别，老爷爷，你有所不知，我们此行的目的是……"

我赶忙打断八戒："你别解释了，八戒，你先出钱买下来，待会儿，他们谁输了再把钱给你就是了。我给你做担保。"

"好好好！"八戒一边说，一边掏钱，"老爷爷，你给我们 15 瓶汽水。"

老爷爷一听八戒要买 15 瓶汽水，高兴了，赶忙把 15 瓶汽水递给了我们。我们 5 个人，现在每人手上都分到了 3 瓶汽水。

"老爷爷你看，我们一会儿就会有 15 个空瓶子，这可以换多少瓶汽水呢？"

"3 个换一个，那就是还可以换 5 瓶汽水啦。"老爷爷说。

"好。"八戒递给了老爷爷 20 元钱，"老爷爷，这是 10 瓶汽水的钱……"

"小伙子，应该是 15 瓶，不是 10 瓶。"老爷爷说。

"老爷爷你说的没错！"八戒又说，"我先给你 10

瓶的钱，一会儿我们喝完后，15个空瓶子给你，不就恰好换了5瓶汽水吗？这不就抵消了吗？”

"哦……这样呀……"老爷爷犹豫了一会儿，接下了钱，又埋怨道，"我还以为你们要先买15瓶呢！"

现在，15瓶汽水就摆在我们面前，可是我们刚才已经在茶馆里喝了那么多茶水，短时间内再把这么多汽水全喝完，也不是件容易的事。八戒和沙沙同学也许还能多喝点儿，但是其他人……本来喝汽水是一种享受，现在却变成了一种负担。

咕咚！小唐同学闭着眼睛使劲咽下了一大口汽水，然后慢慢睁开眼，盯着八戒："我要是喝出个三长两短，就找你算账！"

"师父，你这才喝了一瓶半就这样痛苦啦？"八戒说，"这样，你可以这么想象，明天我们要过火焰山，而今天是最后一次喝水……"

"我说你们几个！"老爷爷生气了，"那么斤斤计较我就不说了，现在喝我卖的汽水还喝得那么痛苦，我的汽水难道是毒药吗？"

"老爷爷，对不起呀，我们不是这个意思。"我说。

"我不管你们是什么意思，请替我考虑一下好不

好？"老爷爷两手一摊，"你们喝得那么痛苦，这条街上来来往往的人一看，还会买我的汽水吗？"

"有道理！"我说，"八戒，你赶紧掏出6个饼，一人一个，包括老爷爷，然后我们一边吃饼，一边喝汽水，这样也许会好一点儿。"

八戒拿出6个饼，分给了我们，同时送给老爷爷一个。

就着饼，我们喝汽水没有那么痛苦了。但是最后，除了八戒把3瓶汽水全喝完了，其他人死撑硬撑，还是只喝完了 2 瓶。没办法，我们只好把没喝完的汽水免费还给了老爷爷。瞧这事弄的，真是很滑稽。

"师父，吃饱喝足啦，你们现在开始做题吧！"八戒说。

"就在这儿？"小唐同学两手托住肚子。

"要不……"我建议道，"咱们还是去刚才那个茶馆再坐一会儿。"

大家一致同意。于是，我们又回到了之前的那个茶馆。茶馆老板一看我们又来了，满脸笑容："5 位客人，你们又来了，感谢你们捧场。"

"是呀，我们又来了。"小唐同学说。

在桌子前坐下后，老板问："几位，这次要喝点儿什么茶？铁观音还是碧螺春，或者还是刚才的龙井？"

"这次我们不喝茶。"悟空说。

"啊……"老板纳闷儿了。

"你有所不知，刚才我们每人喝了很多汽水……"沙沙同学解释道，"我们就在你这儿坐一会儿，可以吗？"

"……可以。"老板说。

"洗手间在哪儿？"八戒突然站起来，一副内急的样子。

"哦……在后面。"老板朝后门指了指。

八戒一听，二话不说，就往洗手间冲去。一分钟后，小唐同学也冲了过去，随后是悟空和沙沙同学，还有我。

从洗手间回来后，我们坐定，刚感觉舒坦一会儿，就听见隔壁的一桌客人议论道："呵呵，这一杯茶还没喝，就开始轮番使用人家的洗手间，真有意思。"

八戒一听，立即站起来，准备过去找人家理论，结果被小唐同学一把拉住了："赶紧坐下，你还嫌今天我们不够丢人吗？"

八戒坐下来后，一脸不高兴："你们3个赶紧做题吧！比出输赢，把钱还我！"

"对不起，我做出来了！"小唐同学举了一下手。

"什么？"悟空和沙沙同学瞬间惊呆了。

"师父，你今天怎么这么快？"悟空的眼睛瞪得大大的。

"哈哈，"小唐同学捂嘴偷笑，"自从寒老师说完题后，我就开始思考了。所以……"

"你作弊！"悟空不服。

"谁规定我不能提前思考了？"小唐同学转头看向我，"寒老师，你说是不是？"

"是，没有规定不能提前思考。"我说。

"你……你……"悟空无话可说。

"别你你你啦！"小唐同学指了指沙沙同学，"你瞧，人家都已经思考好几分钟了，你还不赶紧？"

悟空转头看了一眼沙沙同学，见他已经开始在纸上写写画画，也着急了，不再说话，赶紧做起题目来。

五六分钟后，沙沙同学把笔一放："哈哈，我做出来了！"

悟空一看，叹了一口气，什么话也没说，就开始掏钱，准备给八戒。八戒笑嘻嘻地说："总共 20 元，嘿嘿。"

"我知道。"悟空没好气地说。

"猴哥，你不检验一下师父的答案？万一他是诈你呢？"八戒提醒道。

"还检验什么呀！"悟空看了小唐同学一眼，"人家一路上都在思考，上洗手间时也在思考，还能做不出来？"

"自己不会充分利用时间，"小唐同学白了悟空一眼，"怪谁呢？"

"嗨，你们还别说，"我望着大家，"小唐同学懂得如何充分利用时间这一点，跟刚才这道题的思路是有点儿类似的。"

"类似？"八戒不解。

"你瞧，题目中，小强一家要用最短的时间过河，这就是充分利用时间啊。"

"得了吧。"悟空不服，"这要是发生在现实世界中，难道小强一家要停下来思考半小时，然后再过河？"

"你这么说就不对了，这只是一道数学题而已，目的是让大家懂得如何统筹时间。"八戒说，"寒老师，对吧？"

"八戒说的没错。小唐同学和沙沙同学，快说说你们的答案吧。"

"29秒。"小唐同学和沙沙同学齐声答道。

"回答正确！"

"你们到底是怎么做的呢？"悟空问道。

「知识板块」

如何过桥用时最短

故事中的数学题是这样的：小强过桥要1秒，小强的弟弟要3秒，小强的爸爸要6秒，小强的妈妈要8秒，小强的爷爷要12秒。每次只允许2个人过桥，而且灯是一次性的，只能照亮30秒。问小强一家怎么过桥用时最短？

解这道题时，我们要明白，2个人过桥时，花去的时间是以最慢的那个人来算的。也就是说，让小强的爷爷和妈妈一起过桥，爷爷需要12秒，妈妈需要8秒，那么妈妈过桥花去的时间就可以全部省去，一下子就节约了8秒。而且，我们得考虑，谁回来送灯。如果先让妈妈跟爷爷一起过桥，妈妈再返回来送灯，用时8秒，这样太浪费时间。所以得让用时最少的人先过桥，再返回来送灯。

解题过程如下：

第一步：小强与弟弟先过桥，花去3秒，因为过桥时间是以最慢的那人来算的。

第二步：过桥后，需要把灯送回来，所以，小强回来，花去1秒。

第三步：妈妈与爷爷过桥，因为爷爷慢，以他的时间来算，花去12秒。

第四步：过桥后需要把灯送回来，此时桥这边弟弟速度最快，所以又花去3秒。

第五步：小强与爸爸过桥，以爸爸的时间来算，花去6秒。

第六步：小强回来送灯，花去1秒。

第七步：小强与弟弟最后过桥，花去3秒。所以，总时间是 3 + 1 + 12 + 3 + 6 + 1 + 3 = 29（秒）。

因为灯能点亮30秒，所以，这种方法能保证灯灭掉前全家人顺利过桥。

回到战国看赛马

折腾了一天，大家都累了。傍晚，我们找到一家不错的旅馆住下了。小唐同学放下担子后，大家什么话也没说，倒头就睡。

晚上8点半左右，我们陆陆续续醒来，去街上吃过晚饭，又回到了旅馆。因为休息了几小时，现在大家精神好多了。我们坐在床上没事干，傻傻地看着对方。

许久，八戒说："今晚不妙！"终于有人打破沉默。

悟空马上就问："怎么啦？"

"我们至少要到夜里12点才可能睡着，傍晚时睡多了。"八戒说。

"是哦！"悟空发愁道，"哎呀，那怎么办呢？要不，咱们来数手指头，怎么样？"

小唐同学不解："数手指头干什么？"

"看谁数得最快呀！咱们来比赛！"悟空伸开双手，兴奋地说，这多好玩呀！"

"你真无聊！"小唐同学说完，一头倒在床上。

沉默了一会儿，沙沙同学忍不住开口道："寒老师，你不是说运筹学非常有用，经常用在战争中吗？咱们要不回到过去，看看过去的战争中，那些指挥官是如何运筹帷幄的？"

"好主意！"悟空拍手称赞道，"寒老师，你说去什么时代？"

"那就去战国时代吧！"我说。

"战国时代？"悟空说，"一听这名字就知道那个时代充满战争。咱们出发！"

....

我们来到了 2000 多年前的战国时代。

街道没有我们想象的那么宽，街两边的房子也不高，而且这些房子的屋顶大多是用茅草盖起来的。

"这是哪里？"八戒转着头使劲看。

"这里是战国时代的齐国。"我说。

八戒还准备问，忽然，我们身后有一群人急匆匆地跑来，边跑边喊："看赛马去喽！看赛马去喽！"

这些人从我们身旁跑过后，我说："来得不早不晚。走，咱们一起去看赛马！"

说完，我们就跟着那群人往赛马场跑去。

"赛马有什么好看的？"悟空追上来问，"战国战国，咱们这次来，不就是要去战场上吗？"

"别急！"我说，"待会儿，我带你们去看一个人。这个人非常厉害，后人非常佩服他，甚至连美国人都认为他是我国古代把运筹学发挥得最好的一个人！"

"这个人……有这么厉害？"小唐同学一边喘着粗气，一边问。

"那当然啦。"我说。

我们来到了赛马场。钻入人群中，我们看到高台上坐着两个地位显赫的人。

"那两个人其中一个就是你说的那个人？"小唐同学回头问我。

"不是！"我说，"右边那个是齐威王，也就是齐国的大王。你瞧，他的排场最大。左边那个是田忌，他是齐国的大将军。这两个人都特别喜欢赛马，今天他俩就在这里进行赛马。"

"那你刚才说的那个人呢？"悟空问我。

悟空话音刚落，只听锣鼓喧天，赛马开始了。远处，两匹骏马在赛道上奔驰而来，经过我们时，其中一匹马已经领先了一两米，到终点时，不出所料，那匹马赢了。

"齐王胜！"裁判大声宣布。

第二局开始了，结果齐王的马又赢了。

第三局，还是齐王的马赢了。

高台上，田忌大将军很郁闷，而齐王笑得合不拢嘴。

"比赛不公平！"八戒说，"齐王的每匹马都比田忌的马快那么一点点，那当然赢了。"

"田忌其实可以赢的。"我说。

"不可能！"悟空说。

"你们没发现吗？"我说，"3局比赛，第一局参赛中的两匹马要比第二局参赛中的两匹马快一些。因为第一局参赛的马都是上等马，而第二局的两匹马都是中等马。"

"难怪，我说怎么看着第一局参赛的马比第二局的马快一些呢，原来，马是有等级之分的。"沙沙同学问，"那是不是第三局参赛的马就属于下等马了？"

"是的！还是沙沙同学观察得仔细。"我说，"所以，如果比赛再来一次的话，田忌是有可能赢的。"

"除非出现意外，齐王的马受伤了。"小唐同学说，"否则这是不可能的。"

悟空说："每匹马都比别人的差一点儿，这还比什么呀。"

"你们好好想想，肯定有办法！"我说。

于是，唐猴沙猪开始冥思苦想。10分钟后，他们还是没想出来。

此时，田忌已经从座位上起身，准备灰溜溜地离去。离我们不远的地方，一个坐在马车上的人向田忌招手。

"走，咱们快点儿到那个地方去。"我指了指坐在马车上的那个人。

"到那里干什么？"悟空问。

"嘘——"我示意唐猴沙猪安静。

不一会儿，垂头丧气的田忌走了过来。

坐在马车上的那个人对田忌说："刚才的比赛中，齐王的马并不比你的马快很多，只快了那么一点点……"

田忌不等那个人说完，就打断道："孙膑，想不到你也来挖苦我！"

八戒一听，迅速歪头在我耳边小声说道："原来他叫孙膑。"

　　被田忌没好气地说了一句，孙膑并没有生气，说："我不是挖苦你，你再同他赛一次，我有办法让你取胜。"

　　"你是说……要另换几匹马？"田忌疑惑地看着孙膑，"可是，这已经是我最好的马啦！"

　　然而，孙膑却摇摇头，说："一匹也不用换！"

　　"那还不是照样输？"田忌说道，"难道你还想让我再丢一次人吗？"

　　孙膑把田忌拉近，在田忌耳边小声说着什么。田忌一边听，一边露出了笑容。

"好的！我再去跟大王比一次。哈哈……"说完，田忌又走上高台。

看见田忌回来了，齐王脸上笑开了花，大声说："田大将军，难道你还不服气？"

田忌说："当然不服气啦，咱们再比一次！"

齐王高兴极了，同时轻蔑地说："那就来吧！"

于是，赛马又要开始了。

悟空着急地在我耳边小声问："寒老师，刚才孙膑到底跟田忌说了什么呀？"

"别急，一会儿你就知道了。"

说话间，锣鼓声响起。两匹马从跑道的一头飞驰而来。当这两匹马从我们身旁经过时，我们发现，这次田忌输得更惨了，因为齐王的马把田忌的马远远地甩在身后。

"这还比什么呀？"悟空嘲讽道，"一次比一次输得惨。"

结果没有出现奇迹，第一局，齐王赢了。只见高台上的齐王，此刻笑得更欢了。

第二局开始了。这一次，两匹马开始时不相上下，等经过我们时，田忌的马已经比齐王的马快了2米左右。这下，场面开始变得紧张了，只见齐王忍不住从座位上站起来，脖子伸得长长的。然而，第二局齐王居然输了。

第三局开始了，跟上一局一样，也是开始的时候，难以分辨出哪匹马跑得更快。可是，不一会儿，差距就出来了，田忌的马比齐王的马快那么一点点。最后，田忌赢了第三局。

高台上的齐王站在那里，根本不相信这个结果。此刻，田忌笑呵呵地走下了高台，朝孙膑这边走来。

看着这一切，唐猴沙猪纳闷儿极了，他们纷纷看向我。

八戒凑到我耳边小声问："孙膑到底使用了什么魔法？"

在嘈杂的人群中，我没有回答八戒的问题，示意唐猴沙猪离开这里，去安静的地方说话。

挤出人群，我们来到了一处幽静的地方，坐在草地上，讨论起刚才的事情来。

我说："刚才孙膑用的是'运筹'的思想，这其实是运筹学的典型事例。"

"运筹学？"沙沙同学好奇起来，"寒老师，你今天可是第二次提到这3个字了，你快给我们讲一讲吧。"

「知识板块」

运 筹 学

数学有很多分支，运筹学就是数学的一个分支。它作为一门新兴学科，是第二次世界大战期间在英国产生的。不过，"运筹"这种思想在我国古代就有了，最著名的事例就是田忌赛马。20世纪50年代，科学家钱学森将运筹学从西方引进我国，由于史书《汉书·高帝记》中有"夫运筹帷幄之中，决胜千里之外"的记载，所以，我国学者就把这一门学科翻译成了"运筹学"。

运筹学跟我们的实际生活结合得很紧密。拿前文的煎饼事件举例，正常情况下，煎3个饼需要20分钟，但如果采用巧妙的办法，只需花15分钟就可以完成了。也就是说，在一些很复杂的实际问题中，运筹学能帮我们厘清头绪，节约大量时间。再如，八戒买饮料，也是运用了运筹学的思想，用同样的钱买到了更多的饮料。

田忌获胜的原因

齐王和田忌的马都分成了上、中、下3种马，但是田忌每一等级的马都比齐王同等级的马差一点儿。如果齐王派出上等马，田忌也派出上等马，齐王派出中等马，田忌也派出中等马……显然，田忌会输。

孙膑让田忌用下等马去对战齐王的上等马，虽然输得很惨，但是田忌后两局就占有优势了。比完第一局，田忌剩下上等马和中等马，齐王剩下中等马和下等马。这样，田忌用上等马去对战齐王的中等马，用中等马对战齐王的下等马，两局比赛稳操胜券。

局数	田忌所用马等级	齐王所用马等级	结果
1	下等	上等	齐王胜
2	上等	中等	田忌胜
3	中等	下等	田忌胜

军事奇才——孙膑

孙膑是我国战国初期的军事家。"孙膑"其实不是他的原名，只是因为他曾经受到过膑刑，所以人们给他取名为孙膑。至于他的原名是什么，历史上也没有记载。

膑刑是古代一种非常残忍的刑罚。孙膑受过膑刑以后，双腿残疾，不能走路了。

孙膑为什么会遭受膑刑呢？原来，孙膑有一个同窗好友叫庞涓，两人一起拜师学习过兵法。后来，庞涓到魏国当了将军，但是他认为自己的才能无论如何都比不过孙膑。庞涓担心，万一孙膑到魏国的敌对国家当将军，那么在未来的战场上，他将和孙膑对战。这是他害怕发生的，所以，最好的办法就是把孙膑请到魏国，严密监视起来。但是金子总是会发光的，随着孙膑的才华在魏国被一些人知晓，庞涓就更加嫉妒孙膑了。为了避免孙膑在魏国超过自己，庞涓捏造罪名将孙膑处以膑刑。后来，齐国有一个使者来到魏国，孙膑想办法秘密拜见了这个齐国的使者，并用言辞打动了他。齐国使者觉得孙膑不同凡响，便偷偷用车将他带回齐国。逃到齐国的孙膑得到了田忌的赏识，最后成为齐国的军师。

后来，庞涓在战争中还是被孙膑打败了。

千里定胜负

"孙膑太厉害啦！"八戒从草地上站起来，"寒老师，如此聪明的人难道我们现在不该去拜访一下吗？"

"是要拜访，但不是现在。"

"这是为什么呢？"悟空奇怪地问。

"再过几年，齐国和魏国之间将有一场闻名于世的大战，叫桂陵之战。我们不如现在就穿越过去，在战场上见识一下孙膑的才能。"

"妙极了！"悟空拍手称道，"咱们这就出发……"

话音刚落，我们就来到了公元前353年。此刻，我们站在一个山坡上，下面是一眼望不到头的行军队伍。

"这是要开战了！"悟空看着那些快步前进的士兵，"寒老师，这是哪国的军队？估计有好几万人呢。"

"这是齐国的军队，有8万人。"

"难怪路上一眼看不到头！"小唐同学感叹道，"他们要去攻打哪个国家？"

"他们要去救赵国。因为赵国的都城邯郸已经被魏国攻破了，赵国就要灭亡了。如果魏国继续扩张，齐国也可能遭殃。"我说。

"魏国真霸道。"八戒说，"齐军可得加快步伐到达邯郸呀，否则赵国就完了。"

我对悟空说："你使个小法术，让我们变成齐军士兵的装扮，混在齐军的队伍中。"

"没问题。"悟空刚一说完，我们就来到了齐军队伍的前列，都穿着一身盔甲。

"那不是田忌吗？"八戒小声问我，"咦，旁边那位是谁呢？"

"孙膑啊。田忌是大将，孙膑是军师。嘘——小点儿声，别说话。"

几分钟后，田忌对孙膑说："你说，咱们此行去赵国的邯郸，能救下赵国吗？"

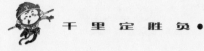
"如果我们真的去邯郸，"孙膑说，"那么赵国肯定灭亡。"

"此话怎讲？"田忌纳闷儿地问，"如果我们不去邯郸，那我们去哪里？"

"去魏国！攻打魏国的都城！"孙膑坚定地说。

"孙膑，以前我都听你的，但这次绝对不行。魏国都城防守那么严，岂是我们这8万兵力能攻下的？这是以卵击石啊！"

"恰恰相反。大将军，我问你，魏国的大军是不是已经攻下了邯郸？"

"是呀！"

"那你想，如果魏国只派出一小部分军队去攻打赵国，"孙膑说，"他们真能攻下赵国的都城吗？"

"肯定不能。"

"所以，魏国已经派出了绝大部分的精锐部队去赵国，国内必定防守空虚。如果我们去攻打魏国都城大梁……"

"妙！"田忌瞬间大喜，"如此，我们就能攻下魏国都城大梁了！"

"不！"孙膑又说，"我们不打算攻下大梁。"

田忌一听，更纳闷儿了，歪头看着孙膑："军师，你这又是为何？"

"因为我们的目的是救赵国，只要我们攻打魏国都城，那么，攻打邯郸的魏国大军必然会撤回来解围，如此，我们不就能救下赵国了吗？"

"真是一个好计策！那接下来呢？"

"魏国军队长途跋涉，从赵国日夜兼程赶回来时，必然人困马乏。到时，我们就在他们回来的路上，比如，在桂陵那个地方，设法伏击他们，必然大胜！"

"真是连环妙计！"田忌向孙膑竖起大拇指，"哈哈，咱们就这么干！"

············

我们就这么跟在他们后面走，小唐同学忍不住小声说道："寒老师，我们就这么一直走路，这得多累呀。"

"是呀！"八戒也说。

我对悟空说："要不，咱们现在直接穿越到桂陵之战的现场？"

"我早有此意。"悟空说完，我们就穿越到桂陵之战发生的地方了。

下午，太阳高挂在天上，一条长长的东西走向的大道上，居然没有一个人，看上去很荒凉。我们站在高地上仔细观察，发现大道两旁的灌木丛后面，躲藏着好多士兵。再往远处看，大道两旁的山坡上，密密麻麻全是齐国的士兵。他们用一些草和树叶盖在自己的头上和身上，不仔细看，我们还真的看不出来居然会有那么多人。

　　傍晚时分，太阳落山了。一大队人马从远处走来，不用猜，这肯定是从赵国撤回来的魏国大军，他们要赶回都城大梁对战齐国大军。士兵的行军速度很快。

　　十几分钟后，魏国大军已经浩浩荡荡地走近了。我们看见，虽然他们行军速度不慢，但是，除了骑在马上的大将们，那些没马骑的士兵一脸困乏。

　　忽然，一声炮响。无数的齐国士兵从大道两旁冲了出来，喊杀声震天。大道上的魏国士兵们一看，瞬间吓傻了，没想到这里居然会有埋伏。

　　"魏军长途跋涉，已经筋疲力尽，而齐军以逸待劳，此战必然是齐军大胜。"八戒说。

"没错，这就是赫赫有名的桂陵之战。齐军大胜，魏军溃败，魏军的主帅也被活捉了。"

"那后来赵国得救了吗？"小唐同学问。

"那是当然。桂陵之战，齐国的军队获得了大胜，赵国也就得救了。"

悟空感叹道："孙膑好计策，这回他真是把远在赵国的魏军折腾得够呛，果然是在后方决定作战策略，就能决定千里之外的胜负啊。"

"是的，著名的典故'围魏救赵'就是这么来的，而'围魏救赵'也包含了'运筹'的思想。你们说，运筹学是不是很有用呢？"

"是，没想到数学在战争中会有这么多应用。"八戒说，"看来，学好数学真是太有用了。"

大战中，各种喊杀声、刀剑声，还有马蹄声混在一起。因为我们已经知道了结局，所以决定回到现代。

当我们重新回到那个旅馆的时候，已经是凌晨1点钟了。大家都很累，很快就都睡着了。

第二天上午10点，我们吃了些东西，备足干粮，继续向西而行。八戒主动走到箱子前，挑起担子出发，我们几个跟在他后面。

在路上，八戒感叹道："原来运筹学这么有用啊！"

我说："运筹学不仅可以用在战争中，生活中用到的更多。可以这么说，学好数学，就能当生活中的军师。"

小唐同学说："我觉得生活中用不到吧，还是战争中最管用。"

"那可不见得。"我说，"咱们来猜一个谜语。你们愿意吗？"

"愿意呀！"八戒一下子就把担子放在了地上。

"世界上哪样东西是最长的又是最短的，是最快的又是最慢的，是最能分割的又是最广大的，是最不受重视的又是最令人珍惜的？没有它，什么事情也办不成……"我问。

几分钟后，悟空第一个说了出来："时间！"

"没错，谜底就是时间。时间非常宝贵。"我说。

"确实如此。"八戒说，"可是，寒老师，你突然跟我们说这些干什么呢？"

"既然时间那么宝贵……"我说，"不如……我们来做一道与运筹学有关、合理安排时间的数学题。"

"啊？"唐猴沙猪一听要做题，立刻紧张起来。

"明天的担子还不知道谁挑呢？做道数学题，谁输了谁明天挑担子。"

　　唐猴沙猪默默地同意了。

　　"题目是这样的：星期六上午，小明要帮妈妈做一些家务，做这些家务需要的时间如下：用全自动洗衣机洗衣服，准备需要1分钟，洗衣服需要30分钟，晾衣服需要5分钟；打扫房间需要20分钟；用电饭锅煮饭，准备需要5分钟，煮饭需要15分钟，炒菜需要15分钟。问：小明应该怎样做，才能用最少的时间把这些家务都做完？"我看着大家。

　　唐猴沙猪听完题目，眼神立刻不一样了，尤其是小唐同学，他的眼珠儿滴溜溜地转。大家冥思苦想，时间正在一分一秒地过去……

餐馆里的争执

此时，小唐同学和悟空坐在一只箱子上，沙沙同学和我坐在另一只箱子上，八戒则蹲在地上。他们4人闷头思考，我则东瞧瞧西看看。不时有路人走过，看到我们5人怪怪的，都偷偷地笑。

"这道题太复杂了！"悟空突然说，"我们需要一张桌子，坐下来用笔和纸好好算算。"

"就是，我们在这条人来人往的路边傻傻地待着，人家还以为我们有病呢。"八戒噌的一下站了起来。

"好吧。"我也站起来，"咱们继续往前走，找一家餐馆进去，先做题再吃饭，如何？"

"太好啦！"听到餐馆两个字，八戒立即蹿到箱子旁，对小唐同学说，"起来起来，我要挑担子上路了。"

继续往西走了半小时，我们来到一个小镇上。小镇的街上热闹极了，有好多卖东西的商贩。我们找到一家看上去不错的餐馆，走了进去，在一张桌子前坐下。

"几位客人，你们打算吃点儿什么？"店老板站在我们面前，一脸笑容。

"现在才上午11点，我们的肚子还不是很饿。"我说，"等12点时，我们再点菜。老板，你能给我们4张纸吗？"

"没问题。"店老板转眼间给我们拿来了4张白纸。

"开始吧。"我把白纸一一递到唐猴沙猪面前。

哪儿知，我们刚坐下没几分钟，小唐同学就把笔往桌子上一砸，大声说："我做出来了！"

猴沙猪一听，无比惊讶，嘴巴都张得大大的。

"唉……"悟空摇了摇头，叹了一口气，"师父肯定是在路上的时候就开始思考了。"

小唐同学手舞足蹈，不看大家，也不理会悟空的话。

八戒眼一瞪，对着小唐同学大声说道："师父，你怎么这样！"

八戒的声音很大，引来了好多客人的目光。

"怎么啦怎么啦？"小唐同学反唇相讥，"你自己笨，还怪到我头上了？"

"我笨？"八戒双手叉腰，"不是说我们到餐馆再做题目吗？"

"那谁说过路上不准思考了？"小唐同学据理力争。

八戒一听，顿时哑口无言。是啊，谁也没有说过走路的时候不准思考呀。

"你一路上只想着吃，吃什么主食呀，点什么菜呀，叽叽喳喳说个不停。"小唐同学对八戒说，"你不会充分利用时间学习，怪谁呢？"

店老板看我们这桌吵得厉害，走过来问："几位，你们没事吧？"

"没事没事。"我说，"一点儿小争执而已。"

说完，我对八戒说："八戒，你还不赶紧做题目。你瞧人家沙沙同学，都埋头做了好久啦！"

八戒歪头一看，果然，沙沙同学两耳不闻窗外事，正在纸上不停地写写画画，于是八戒更着急了，赶紧坐下来思考题目。

一阵阵菜香飘来，小唐同学使劲儿闻了闻，感叹道："真香呀！"

八戒一听，不禁也吸溜吸溜闻起来。

我说："小唐同学，你既然做出来了，就给我说说你的答案吧。"

"没问题。"小唐同学赶紧凑到我耳边，小声说出了他的答案，还用眼睛瞟八戒。

"呵呵。"听完小唐同学的答案，我笑了。

"怎么样？正确吧？"小唐同学一脸得意地望着我。

"一会儿你就知道了。"我说。

十几分钟后，悟空做出来了。又过了几分钟，沙沙同学也做出来了。

紧接着，八戒把笔往桌子上一砸，指着小唐同学："我恨死你了，师父！"

"怎么又怪我了？"小唐同学一脸郁闷，"你别睡不着觉赖枕头，做不出题目怪师父。"

"要不是跟你争执耽搁了时间，我就会比沙沙同学先做出来。"八戒说。

"难道你现在也做出来了？"我问。

"可不是嘛，就比沙沙同学晚十几秒。"八戒说。

"好吧。"我对八戒和沙沙同学说，"那你俩都把自己的答案给我说说。"

"我算出的最少时间是56分钟。"沙沙同学说。

"正确！我也是这个答案。"小唐同学抢先答道。

"呵呵，你俩错了。我算出的是46分钟。"八戒说。

"对！我也是这个答案。"悟空急忙说。

"啊？"小唐同学一听，马上坐不住了，一脸紧张地问，"寒老师，到底谁对呀？"

"八戒和悟空对。"我说。

"为什么呀？"小唐同学一脸沮丧。

「知识板块」

最节约时间的方案

生活中，我们难免会遇到这种情况：手头有很多不同的事需要做。

常常，做这些事的顺序不同，花费的时间也会不同。怎样才能找出最节约时间的方案呢？这就需要运筹学来帮忙。

咱们以上面故事中小明做家务的题目为例子，看看怎样寻找最节约时间的方案。

小明做家务的题目中给出了如下时间：

准备洗衣服：1分钟

洗衣服：30分钟

晾衣服：5分钟

打扫房间：20分钟

准备煮饭：5分钟

煮饭：15分钟

炒菜：15分钟

面对上面的家务，如果是一件事做完再去做另一件事，那么需要时间：1 + 30 + 5 + 20 + 5 + 15 + 15 = 91（分钟）。

显然，这是最花费时间、最不科学的做法。

沙沙同学和小唐同学得出的最少时间是56分钟。他们的方案是这样的：

先做饭，准备煮饭花5分钟，煮饭的过程花15分钟，因为煮饭是不需要人操作的，所以在这15分钟内炒菜，做完饭总共花去

20 分钟。

接下来，准备洗衣服花 1 分钟，洗衣服花 30 分钟，洗衣服也是不需要人操作的，在这 30 分钟内花 20 分钟打扫房间，所以做完这些事总共花去 31 分钟。

最后，衣服洗完了，花 5 分钟晾衣服。

总共用时：20 + 31 + 5 = 56（分钟）。

而八戒和悟空得出的最少时间是 46 分钟。现在，就让我们看看他们设计的方案吧：

准备洗衣服花 1 分钟，洗衣服花 30 分钟。在这 30 分钟内，准备煮饭花 5 分钟，煮饭花 15 分钟。在煮饭的 15 分钟时间里可以炒菜，于是，30 分钟用去了 20 分钟，剩下 10 分钟，可以用来打扫 10 分钟的房间。做完这些事总共花去 31 分钟。

之后，再用 10 分钟打扫房间，5 分钟晾衣服。

总共用时：31 + 10 + 5 = 46（分钟）。

显然，因为做事顺序不同，八戒和悟空的方案比小唐同学和沙沙同学的方案节约了 10 分钟。八戒和悟空的方案是最节约时间的方案。

列表解题法

遇到这种题目，最好的办法就是把要做的事都列出来，包括任务、时间、是否需要亲自动手等。例如，上面这个题目可以列表如下：

任务	时间	是否需要亲自动手
准备洗衣服	1分钟	需要
洗衣服	30分钟	不需要
晾衣服	5分钟	需要
打扫房间	20分钟	需要
准备煮饭	5分钟	需要
煮饭	15分钟	不需要
炒菜	15分钟	需要

表列好后，还要仔细分析，哪些事不需要自己动手。比如上面列表中，"洗衣服的30分钟"和"煮饭的15分钟"是不需要自己动手的。

既然不需要自己动手，那就要想办法利用这些时间去干别的事，利用得越充分，所花费的总时间就越少。

知道自己的答案是正确的，八戒和悟空兴奋地击了一下掌，欢呼道："噢耶！"

"寒老师你偏心！"小唐同学不高兴了。

"怎么啦？"

"我是最先告诉你答案的人，那时，他们3人才刚刚开始做题。"小唐同学说，"你要是当时就告诉我我的答案是错的，我还有时间重新思考，找到正确答案。"

"哎呀，"八戒说，"师父，你不许耍赖，要遵守规则。"

"是呀。"我说，"这是犯规的。"

"但是……你……"小唐同学还是不甘心，"你至少可以给我一点儿暗示嘛，比如眨眨眼，或者偷偷掐我的大腿什么的。"

"我胆子比较小，可不敢违反规则。"我说。

"听到没有？你以为人人都像你一样？"八戒望着小

唐同学，"别啰唆了，你和沙沙同学准备怎么办？猜拳？"

"不不不……"沙沙同学连忙摇头，"我最近运气不好，我和师父还是做题定胜负吧。"

"运气不好？"小唐同学本来心里就不高兴，没好气地说，"你的意思是做题用的是智商，而你认为你的智商比我的高？"

"不不不……我不是这意思。"沙沙同学连忙摆手。

"哎呀，你们的事待会儿你们自己解决吧，我肚子饿了。"八戒说完，向店老板招手，"老板，给我一张菜单，我们要点菜了。"

我说："也好，咱们先吃饭，小唐同学和沙沙同学两人的对战，路上再解决也不迟。"

"怎么吃？"小唐同学看着大家问。

"还能怎么吃？"八戒说，"用嘴吃呀！"

"我是说……"小唐同学吞吞吐吐，"谁请客？"

"别净想好事啦，我们5人平摊！"八戒说。

"没问题，我只是问清楚而已。"小唐同学说。

我说："我有一个方案可能会省钱，那就是大家分开吃，各付各的钱。"

"这样不好！"八戒忙说，"还是大家合在一起吃好，每人都能吃到好多种菜。"

我说："那就一起吃吧，从八戒开始，每人点一个菜。"

十几分钟后，5盘菜陆陆续续上来了。我们5人吃得很香，每人都吃了两大碗米饭。

"老板，结账！"吃完后，小唐同学擦擦嘴巴，向店老板喊道。那样子，就像他是一个有钱人似的。

"155元。"店老板走过来，站在我们面前，一脸笑容。

"啊！"唐猴沙猪异口同声地尖叫起来。这个价钱太出乎他们的意料了，吃一顿饭花155元钱对资金不多、需要精打细算的他们来说太奢侈了。

"这么贵？"小唐同学站起身大声说道。

许多顾客闻声朝我们这边看来，有人还露出了怪异的笑容。我立即走到小唐同学面前，拉了拉小唐同学的衣袖："别叫，太丢人了。"

接着，我又小声对店老板说："老板，你先去忙吧，一会儿我们找你去结账。"

店老板走后，我说："我早告诉你们了！"

"告诉我们什么了？"八戒一脸的不高兴，他没想到我们居然吃了这么贵的一顿饭，155元，那就是每人31元，他心疼坏了。

"我说过，我有一个省钱的方案，就是大家分开吃，各点各的菜，各付各的钱。"

"可是……"沙沙同学不解，"这有什么区别吗？"

"区别大了。"我说，"数学有一个分支，它就是神奇的博弈论。而在博弈论中呢，又有一个有趣的问题，那就是用餐者困境。"

"用餐者困境？"八戒不解，大声道，"不就是吃个饭嘛，还有什么困境呀！这是不是小题大做了？"

"瞧你们一个个！"我指了指唐猴沙猪，"只会大呼小叫，净在这儿丢人！"

"行啦行啦，以后我们不这样了。"沙沙同学说，"寒老师，你快说说，用餐者困境到底说的是什么？"

用餐者困境

一个人去餐馆吃饭，点菜的时候，一般只会点那些既便宜又实惠的菜，觉得吃贵的菜不值。

如果是一群人去餐馆吃饭就不一样了。假如在吃饭前，大家商量好，每人点一道菜，所有人平摊吃饭的钱。那么每个人在点菜时，就会面临两种选择：一是点价钱贵的菜，菜虽然贵但好吃；二是点口味一般的便宜菜。

面对这两种选择，很多人会这样想：反正饭钱大家平摊，我为什么不点自己喜欢吃的价钱贵的菜呢？价钱贵的菜比便宜菜多出来的钱被众人分摊后，摊到我头上的并不多，多花这点儿钱就吃到了好吃的菜，是划算的。

如果每个人都这样想并这样做，那么最后，点的菜大都是价钱比较贵的，平摊下来，每个人花的钱就会比单独一个人吃饭花的钱多好多，很不划算。一个人单独用餐所花的钱，一般都少于大家一起用餐平摊时所花的钱，这就是用餐者困境。

博 弈 论

上面故事中的唐猴沙猪和寒老师就遇到了用餐者困境问题。用餐者困境与数学有什么关系呢？

还记得前面提到的运筹学吗？运筹学是数学中一个很大很重要的分支，它能帮助我们节约时间、费用等。而博弈论呢，它是运筹学中的一个重要部分。这就是说，数学中有一个大分支，叫作运筹学，运筹学中又有一个小分支，叫作博弈论。博弈论是研究具有斗争或者竞争现象的数学理论。用餐者困境是博弈论中的一个经典例子，它研究的是一个人单独用餐和多个人一起用餐，哪种情况个人花费少又划算的问题。用餐者困境可以用高深的数学知识加以分析和证明。

头疼的遗产分配

"掏钱吧。"我对大家说。

唐猴沙猪听后，这才纷纷翻口袋，十分不情愿地掏钱。

八戒说："再这样吃下去，我都快要没钱了！"

"也许我们得去打点儿工了。"小唐同学翻了半天的口袋，还是没有把钱掏出来，"我们这样会坐吃山空的。"

"别废话了，赶紧掏钱！"我催促道。

好半天，大家才慢吞吞地把自己该摊的那31元掏出来。

结完账后，我们起身准备离开。此时，一位老爷爷走了过来，他的胡子长长的。

"诸位，请留步。"老爷爷说。

我们纷纷回头，八戒问道："老爷爷，您有什么事？"

"我刚才坐在你们邻桌吃饭，不好意思，我听到了你们的谈话。"老爷爷说。

"很可笑吧？"八戒说，"老爷爷是不是想继续笑话我们？"

"不不不。"老爷爷连忙摆手，"刚才，我听到你们说什么数学，又说什么博弈论，还有用餐者困境，于是我猜想，你们应该对数学很了解。"

"不瞒您说，是的。"小唐同学挺起胸脯，"我们此行就是为了学习和研究数学。怎么啦？"

"那太好了！刚才你们说用餐者困境的时候，我就一下子想到了我面临的一个问题，你们也可以理解为这是另一个困境。"老爷爷看了看我们每个人，"不知道几位有没有兴趣帮我解决一下？"

"这个……"八戒犹豫地看了看我。

"你们放心。"老爷爷见大家有点儿犹豫，又说，"刚才你们不是说想打工吗？我觉得，这就是一个很好的活。"

"啊！"小唐同学一听，立刻兴奋起来，"此话怎讲？"

"走走走，我们出去说。"老爷爷拉着我们走出了餐馆。

此时，艳阳高照，天空格外蓝。

"我其实是一个有钱人家的管家。"老爷爷看着我们说，"然而，我的主人前段时间因病去世了。"

"哦，这真是不幸。"我说，"老爷爷，您现在失业了吧？"

"没有没有。"老爷爷又说，"我的主人去世的时候才50多岁，主人的妻子只有30多岁。我说的这个困境，跟失不失业一点儿关系都没有。我的主人去世前，他的妻子刚刚怀孕。于是，主人立下了遗嘱，把他的财产……"

一听到财产二字，八戒故作聪明道："哈，我知道了，您的主人立遗嘱时，压根儿就没有考虑您，这就是您的困境，对吗？"

听到八戒这么说，老爷爷有点儿急了，摆手道："哎呀，不是不是！你们还是跟我去见见我的女主人吧，这其实是她的困境。"

沿着大街走了五六分钟，我们向北拐入一条林荫小道，小道一直通向前方的一栋漂亮的别墅。

"您的主人可真有钱。"八戒看着前方的大房子说。

"是的，我的主人是很有钱，"老爷爷走在前面，"他们也很善良，经常帮助别人。"

　　"那太好了！"八戒肩上的担子就好像一下子变轻了许多，他以轻快的步伐跟在老爷爷身后，嬉皮笑脸地说，"哈，这样的话，若是我们解决了你们的问题，那你们要给……"

　　"放心。"老爷爷回头看着我们，"如果你们解决了我们的问题，我的女主人肯定会给你们一些报酬的，给多少我不知道，但肯定比

你们今天的饭钱要多。不瞒你们说，我和我的女主人都被这个问题困扰一星期了。"

说着说着，我们来到了一道大铁门前。老爷爷用钥匙打开门锁，推开大门，我们走了进去。穿过一个漂亮的、飘着花香的大院子，我们进入了别墅里，在客厅的沙发上坐了下来。

过了一会儿，老爷爷把女主人请了出来，女主人的身后跟着一位老奶奶，推着一辆婴儿车。

"夫人，"老爷爷指着我们，"这几位就是我请来帮忙的，他们的数学很好。"

"欢迎你们！"女主人先跟我们打招呼，然后吩咐那位老奶奶给我们泡茶。

"他们的数学很好，你是怎么知道的？"女主人问老爷爷。

"我在电视上听说过博弈论这门高深的学问，属于数学范畴。"老爷爷说，"恰巧在餐馆吃饭的时候，我听到他们在谈论博弈论，所以，我断定他们的数学应该不错。"

"实际情况也是如此。"八戒说，"女主人，你快说说你们的困境吧，我们都等不及了。"

　　"好吧。"女主人指了指那辆婴儿车说，"我刚怀孕时，我的丈夫就立下了遗嘱，说，如果我生的是男孩，就把他三分之二的遗产分给儿子，剩下的三分之一归我；如果我生的是女孩，就把三分之一的遗产留给女儿做嫁妆，剩下的三分之二给我。"

　　女主人叹了口气："唉，当时立遗嘱时，我说男孩女孩都一样，要平等对待，不管男孩女孩都给三分之二的遗产吧。可我丈夫有重男轻女的思想，不同意。"

　　"这个遗嘱很清楚嘛。"小唐同学说，"而且很好执行，我看不出有什么问题。"

　　"可是……"女主人指着婴儿车说，"你们还是过来看看吧。"

　　我们急忙站起身，走到那辆婴儿车旁，一下子看到两个可爱的小宝宝正在车里熟睡。

　　"啊！"八戒眉头一皱，"可是两个男孩？"

　　小唐同学说："如果是这样，那就麻烦了，遗嘱中可没提到这种情况呀！"

　　"不是两个男孩。"女主人摇了摇头。

　　"可是两个女孩？"八戒又问，"如果是这样的话，遗嘱中也没有提到。"

"也不是。"女主人说，"他们是一对龙凤胎，一男一女。"

唐猴沙猪一听，头顿时大了，纷纷退回到沙发上坐下，不再说话。

"几位，这就是我们面临的困境。"老爷爷望着我们说，"主人生前压根儿就没想到女主人怀的是双胞胎，当初我们也没想到。现在，我们真不知道该如何执行他的遗嘱。"

"既然这是谁都没有想到的事，"八戒说，"那么，你们可以稍稍改变一下遗嘱嘛。"

"绝对不行！还没来得及看孩子一眼，我的丈夫就走了……"女主人说着说着眼圈就红了，"如果不遵守他的遗嘱，我会觉得对不起他，心不安的。"

"这可怎么办呢？"悟空挠了挠头。

"几位客人，"女主人对我们说，"你们能帮忙解决这个问题吗？如果感到困难也没有关系，我们再去找其他人想办法。"

我说："我们可以尝试一下。"说完，我把头转向唐猴沙猪，"来，咱们把思路理一下，把纸和笔拿来。"

在一张白纸上，我这样写道：

第一种情况：男孩，$\frac{2}{3}$的遗产留给男孩，$\frac{1}{3}$的遗产留给女主人。

第二种情况：女孩，$\frac{2}{3}$的遗产留给女主人，$\frac{1}{3}$的遗产留给女孩。

目前的情况：龙凤胎，即一个男孩，一个女孩。

男孩得到的遗产 = ？

女孩得到的遗产 = ？

女主人得到的遗产 = ？

我们5人聚精会神地盯着纸，都在苦苦地思考。几分钟后，我忽然有了思路。我抬起头，松了一口气："虽然我之前没遇到过这种数学问题，但是这个问题并不难。"

"太好啦！"八戒也抬起头，一脸的高兴，"寒老师，你有答案了？"

我点了点头。

女主人和老爷爷一看，顿时喜上眉梢。

"他们叫你寒老师，我们也这样称呼你吧。"老爷

爷一脸疑问，"寒老师，你真的找到解决的办法了？"

"是的。"

"完美吗？公平吗？"女主人不放心，又问。

"绝对公平，你放心。"

"那你快说说。"女主人催促道。

"我们5人行万里路，就是为了学习数学。现在，虽然我想出办法了，但是他们几个……"我指了指唐猴沙猪，"还没有想出来。这是个挺好的机会，我想让他们也动脑筋思考思考。学习数学，如果不去思考，只是一味地翻看答案，那永远也学不好。"

"好好好。"女主人点点头，之后她对老爷爷说，"你去安排人准备晚饭。"

唐猴沙猪继续盯着那张纸思考。

半小时后，他们还是没有答案。

"唉……"八戒感叹道，"这道数学题对我们来说，似乎有点儿难呀。"

"也许不是难。"小唐同学说，"这是因为做题前，没有说明解这道题是否有奖惩，所以我们没有动力。"

"也对。"我说，"明天的担子不是由小唐同学挑就是由沙沙同学挑，这是他俩的事。但是后天的担子……"

"寒老师，"小唐同学打断了我的话，"咱们这次玩个新花样好吗？"

"什么新花样？"

"就是……"小唐同学看着猴沙猪，"我们谁第一个做出来，其他3人就每人掏出5块钱给他。你们敢吗？"

"有何不敢？"八戒不服气。

"就是。"悟空和沙沙同学也说。

我说："好吧，那就这么定了。继续做题吧。"

说完，唐猴沙猪4个人又继续埋头看纸。有奖惩后就是不一样，4个人现在的精神都非常集中。

不到一分钟，小唐同学大喊道："我做出来了！"

"好你个师父！"悟空指了指小唐同学，"肯定之前你已经做出来了，只是没有奖惩，你迟迟不说，是不是这样？"

"你想钱想疯了？！"八戒气愤地说。

小唐同学不停地笑，笑得身体一抖一抖的。

"以后出门别说……"沙沙同学也很生气，"你是我们的师父！"

"咯咯咯……我才不说呢，有你们这么笨的徒弟，我也觉得丢人！哈哈哈……"小唐同学忍不住大笑起来。

"寒老师，你说……"八戒转向我。

"万一他的答案是错的呢？"我说，"就算是正确的，不就是5块钱嘛。来来来，小唐同学，赶紧说说你的答案。如果你的答案是错的，你得给他们3人每人5块钱！"

"啊？"小唐同学一听，害怕了。

"啊什么啊，赶紧说！"八戒催促道。

"我的答案是这样的。"小唐同学拿着笔，在纸上写起来，边写边说，"假如生的是一个男孩，那么男孩得到 $\frac{2}{3}$ 的遗产，女主人得到 $\frac{1}{3}$ 的遗产，这说明，男主人希望男孩得到的遗产是女主人的2倍，这个没错吧？"

我说："没错，$\frac{2}{3}$ 肯定是 $\frac{1}{3}$ 的2倍。你赶紧往下说。"

得到肯定后，小唐同学又说："假如生的是一个女孩，那么女主人得到 $\frac{2}{3}$ 的遗产，女孩得到 $\frac{1}{3}$ 的遗产，这说明，男主人希望女主人得到的遗产是女孩的2倍，没错吧？"

八戒说："没错。你赶紧继续。"

"这就简单了。"小唐同学说，"设想，如果女孩得到1份遗产，那么女主人将得到2份遗产，因为男孩获得的遗产是女主人的2倍，所以，男孩将得到4份遗产。1，2，4，这3个数加起来是7。咱们把遗产分成7份，那么……"

"哦！我明白了！"沙沙同学抢答道，"女孩得到$\frac{1}{7}$的遗产，女主人得到$\frac{2}{7}$的遗产，而男孩得到$\frac{4}{7}$的遗产。"

"真聪明！"小唐同学拍了拍沙沙同学的肩膀，"就是这样。"

"寒老师，我师父说的对吗？"八戒内心仍存侥幸。

"对。"我说，"来，咱们接着做题。假设女主人的孩子不是龙凤胎，而是两个女孩或者两个男孩，又该怎么分配遗产呢？"

唐猴沙猪因为已经知道了思路，不久就都做出来了。

「知识板块」

遗 产 问 题

上面故事中的数学题，第一眼看去难免让人觉得很复杂，无从下手。但是，如果我们厘清思路，知道了女孩、女主人和男孩所得遗产的倍数关系，题目就一下子变得很简单了。

在龙凤胎的情况下，男主人希望他的遗产这样分配：

女孩：女主人：男孩 = 1 : 2 : 4

1 + 2 + 4 = 7，这就是说，只要把遗产平均分成7份就很好解决了，女孩得1份，女主人得2份，男孩得4份。

那么，如果女主人生的是两个女孩呢？这时遗产分配也不难，因为我们已经知道了女孩与女主人所得遗产之间的倍数关系。还是假设女孩得到1份遗产，于是就有：

女孩：女孩：女主人 = 1 : 1 : 2

1 + 1 + 2 = 4，这就是说，把遗产平均分成4份就好了，两个女孩分别得到1份遗产，而女主人得到2份遗产。

那么，如果女主人生的是两个男孩呢？这也很简单，我们设女主人得到1份遗产，于是就有：

女主人：男孩：男孩 = 1 : 2 : 2

1 + 2 + 2 = 5，这就是说，只要把遗产平均分成5份就好了，女主人得到1份遗产，两个男孩分别得到2份遗产。

恐怖游戏

小唐同学把他的答案说出来后，那位老爷爷，还有女主人，一下子就明白了。

"真好！"女主人拍了一下手，满脸笑容，"现在，回过头再去看这个问题，真是一点儿也不难了。"

"是的。"老爷爷对女主人说，"这个问题真是不难。您之前没想到办法，是因为先生去世后，您伤心过度，思路受到了影响。"

"没错，"我说，"这种情况的确会发生。希望你节哀顺变。"

"不管怎样，"女主人说，"你们可算是帮我解决了困扰我一周的大难题，我要好好感谢你们，不但要留你们吃晚饭，还要给你们每人100元。"

"啊！"八戒和小唐同学惊叫起来。

"不用感谢我们。"沙沙同学说，"我们解决了你的问题，能让你宽心，这就是对我们的感谢。"

"沙沙同学说的极是。"我说。

"是的是的。"八戒也赶紧说，虽然他很想要那100元钱。

"不不不。"女主人说，"我听管家说，你们在餐馆里吃饭花了不少钱，很心疼。500元对于我来说不算什么，你们千万别推辞，你们收下，我会更高兴的。"

我们一听，也就不好再推辞了，便收下了女主人给我们的500元。

傍晚时，我们在女主人家吃了晚饭。之后，八戒挑起担子，我们准备离开。不料，我们刚走到院子里，老爷爷又急忙走过来拉住了我们。

"你们发现没有？"老爷爷望着我们问。

"发现什么？"悟空纳闷儿道。

"说真的，"老爷爷眼睛红红的，"自从主人生病后，我就没看到女主人笑过。而今天，女主人居然笑了，还显得很开心，这真是……太难得了！"

"能让我们帮助的人高兴，我们自己也很高兴。"
我说。

"太感谢你们了！"老爷爷说，"现在太阳就要落
山了，你们何不留下来住一晚上？"

"老爷爷，我们可不敢再打扰你们了。"沙沙同学说。

"不不不。"老爷爷说，"我敢肯定，只要你们一走，
女主人一个人坐在那里，不久就会想起她的丈夫，然后
又要泪流满面了，唉……"

"可是，我们留下来……"
八戒说，"又能做些什么呢？"

"留下来说说话就好，让
她分分心。"老爷爷对我说，"中
午在那个餐馆，你不是说博弈
论非常神奇吗？哪怕咱们在一

起聊聊这个也行啊。如果你们有急事要办，我也不勉强；但如果你们没什么急事，就请留下来吧。"

"博弈论，嗯……"我犹豫道。

"嗨，寒老师，咱们玩游戏也行呀。"悟空说。

"有了！悟空说的对，咱们玩游戏！"我拍了一下手，"而且是非常刺激的游戏，只要女主人肯跟我们一起玩，她一定会暂时忘掉伤心的事。我们留下来！"

我们5人又跟着老爷爷回去了。女主人一见我们回来了，又高兴起来："就是嘛，天这么晚了，就留下来住一晚上，明儿再走也不迟。"女主人说完，转头对老爷爷说，"快叫人去整理房间。"

"大姐，我们留下来，主要是想到了一个非常好玩的游戏，不知道你愿不愿意跟我们一起玩？"我说。

"当然愿意呀！"女主人说，"长夜漫漫，如果大家能在一起玩个游戏，那再好不过了。"

"这个游戏的名字是……"我说，"'谁能活下来'。"

"啊？"女主人一听，大叫起来。

"别惊讶，这只是一个游戏而已。"我说，"待会儿，我们要进入另一个世界。"

"另一个世界？"老爷爷不解。

　　"那是一个奇妙的虚拟世界。"悟空回答道。

　　"哦,原来是这样。"女主人说。

　　"我们进入那个世界以后,除了我和悟空,其他人都会认为那就是一个真实的世界,不记得自己以前的身份了。"我说。

　　"这应该很好玩。"女主人说,"可是,我们又怎么进入那个奇妙的世界呢?"

　　我指着悟空:"这就得靠咱们这位多毛的先生了,他本领可大了。"

　　"寒老师你怎么这样?"悟空生气道,"我也是有自尊的!"

　　女主人一听,哈哈笑了。

　　"嘿嘿,不说了。"我望着大家,"一会儿进入那个世界后，你们就知道是怎么回事了。"

悟空站起来，望着坐在沙发上的我们，说："都准备好了，我们马上就要进入那个世界了。"

…………

眨眼间，我们来到了另一个世界。

傍晚时分，西边的太阳散发着金光，阳光洒在海面上，把海面照得金灿灿的。我和悟空坐在一只漂在海中的小船上，每人手里拿着一支桨。

看着岸边的山，我问悟空："你是不是搞错了，他们呢？"

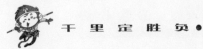
"寒老师，你别着急。"悟空说，"他们一会儿才会出现，我设计的情节就是这样的。"

果然，不一会儿，八戒、沙沙同学、小唐同学，还有那个女主人和老爷爷，都穿着一身海盗服，从山的另一边慢慢走了出来。

八戒走在前面，抱着一只箱子，箱子里装的是钻石（当然是虚拟的）。

"悟空，你确定箱子里正好是100颗钻石吗？"我望着远处山上的他们问。

"不会错的。"悟空说。

"不知道他们现在是否知道自己以前的身份。"我有些不放心。

"你放心吧，寒老师。"悟空说，"他们只知道自己现在是海盗。"

"不行，待会儿我要亲自验证一下。"

说着说着，5个人朝我们这边走来了。

"划船的，你俩给我过来！"离海边还有十几米远时，海盗沙沙就朝我们大声喊道。看来，现在他已经不知道自己是沙沙同学了。

5个人登上我们的船后，我故意问："八戒，你们要

去哪里？"

　　海盗八戒恶狠狠地对我吼道："谁是八戒？我是海盗，知道吗？"

　　"哦，哦……"我赶紧说，"海盗先生们，你们要去哪里？"

　　"先生？你没看到我是女人吗？"女海盗（女主人）怒了，"小心我把你们扔到海里喂鲨鱼！"

　　"对不起，对不起！"我急忙赔罪，"海盗先生们，还有这位海盗女侠，你们要去哪里？"

　　"别废话！你俩往大海深处划就是了！"海盗沙沙朝我们吼道。

　　我俩不敢再多言，默默地向大海深处划船。我暗自感叹，悟空可真厉害，居然让他们全忘了自己的真实身份。

　　"怎么分呀？"海盗八戒凶巴巴地对其他海盗说。

　　"怎么分？平分呗！"女海盗说。

　　八戒瞪了她一眼，说："平分？这是我们海盗的做事风格吗？一点儿都不刺激。"

"那你想怎么分？"那个老海盗（老爷爷）说。

"很简单！"海盗八戒说话的时候，脸上满是杀气，"咱们5个海盗抽签，按照1，2，3，4，5的顺序来决定分配方案！如果你抽到1……"八戒指着女海盗，"那么你就第一个提出分配方案，如果你的方案获得的赞成票等于或者大于否定票，那么将会按照你的方案来分配。否则的话，你将被众人扔到大海里喂鲨鱼！"

"刺激！"女海盗说，"我喜欢这种方式。"

"那咱们抽签吧，别废话了！"老海盗说。

…………

抽签结果为：

1	2	3	4	5
八戒	老海盗	沙沙	小唐	女海盗

好了，现在由八戒第一个提出分配方案。如果他的方案不能获得通过，他就会被其他4人扔进大海里喂鲨鱼。接着由2号，也就是老海盗再次提出分配方案，依此类推。

我偷偷对悟空说："你该进行下一步了。"

"好的。"悟空说完，就用食指指向准备提出分配方案的八戒说，"变！"

话音刚落，八戒的身体顿时抖了一下，现在，悟空已经让他意识到自己的真实身份了。只见他回头看着我们，一脸的害怕。

"八戒，赶紧说你的分配方案呀。"悟空说，"小心哦，如果分配得不好，你就要被鲨鱼吃掉。"

"哎呀呀！这是怎么回事？"八戒紧张地对我们说，"刚才我心里一直以为自己就是海盗，我不认识你们，一点儿也不害怕。可是，当我变回来后，现在……"

"害怕了是不是？"悟空笑道，"那当然了，被鲨鱼一口吃掉，谁又能不怕呢？"

八戒一脸哭相："寒老师，你教教我呀，怎么分？"

"还能怎么分呀！只要让其中两个人同意，你的方案就能获得通过。"我提醒他，"不过，你要注意，此时除了你，他们几个还是海盗，而且都非常聪明。首先，他们都想存活下来；其次，他们都希望自己得到的钻石最多；最后，在条件相同的情况下，他们优先选择把别人扔到海里喂鲨鱼。"

"婆婆妈妈的，你怎么啦？"老海盗脸一沉，凶狠地对八戒说。

八戒一听那凶狠的口气，立即吓得浑身发抖。他满

脸堆笑地与老海盗商量道："钻
石我不会独吞的,100颗钻石,
分给你33颗怎么样?"

接着,八戒又指着海盗沙
沙说:"你也是33颗,剩下
34颗归我。"

"怎么样?"八戒望着面
无表情的老海盗和海盗沙沙。

"极好!"老海盗说,"总
比平分,每个人得20颗要好。"

"对!就这么办!"海盗
沙沙说。

"好!"现在八戒不再害怕了,因为他已经获得了
两个人的同意,他认为自己的提议将会获得通过,他宣布,
"现在,我提出的分配方案是:我留34颗,老海盗和海
盗沙沙各33颗。举手表决吧!"

当看到大家举手的情况后,八戒顿时傻眼了。

因为5个人中,只有他和海盗沙沙举手了,老海盗
露出了奸诈的笑容,他没有举手。

"叛徒!"八戒对老海盗大喊道。

"就你这样，还想当海盗？"老海盗冷笑道，"你是自己跳下海喂鲨鱼呢，还是我们把你扔下去？"

"你你你……"八戒后悔不迭。

其他 4 个海盗走了过来，他们两人抓住八戒的双脚，两人抓住八戒的两只胳膊，然后，一下就把八戒抛到了大海里。

不得不佩服，悟空营造的这个世界非常逼真，海里面什么都有。那些鲨鱼，此刻正在海里四处游荡。

八戒在海里惨叫道："寒老师，救我！救我！"

"怎么救呀？"我朝八戒大声喊道，"你是知道的，我打不过鲨鱼！"

"大师兄，快回到以前的世界！"八戒大声说，"哎呀，鲨鱼朝我游过来了！救命！"

"回到以前？哈哈哈……"海盗小唐冷笑道，"难道这人后悔当海盗了吗？真没出息。"

"啊——"八戒发出了最后一声惨叫。

我们看到，一条鲨鱼已经咬住了他的腿……

悟空一看，担心八戒被吓死，立刻大喊一声："变！"

话音一落，我们所有人又都回到了现实世界。

"天哪！太神奇了！"女主人捂着胸口，"刚才我真的以为自己就是一个女海盗，真的。"她又对我和悟空说，"在那个世界里，你俩在我眼里就是两个船夫。"

八戒坐在沙发上，双眼紧闭，两滴眼泪挤了出来："鲨鱼！我现在一睁眼就能看到鲨鱼！"

哈哈哈……

大家一听，纷纷大笑起来。尤其是女主人，她忘了悲痛，忘了烦恼，笑得前仰后合。

小唐同学指着八戒说："你真笨！你之所以被抛下海，是因为你没有让老海盗得到最多的钻石。"

我说："小唐同学，听你这口气，好像你已经找到了最佳分配方案。"

"那还用说。"小唐同学不屑道，"这实在是太简单了！"

"好吧。"悟空说，"那咱们再去玩一次！"

「知识板块」

应用广泛的博弈论

上面故事中,悟空把大家变成5个海盗,再让5个海盗在一起分钻石,这是一个很著名的博弈论的例子,叫作海盗博弈。从故事中你是不是觉得海盗博弈很有趣很刺激?

其实,博弈论研究的并不只是"两个人在某方面博弈"那么简单的事,它的研究范围很广,理论很深,在生物、经济、计算机、政治、军事等领域都有广泛的应用。

有"计算机之父"之称的美国数学家冯·诺伊曼,1928年证明了博弈论的基本原理,从而宣告了博弈论的正式诞生。1944年,冯·诺伊曼和经济学家奥斯卡·摩根斯坦共著的《博弈论与经济行为》一书,将博弈论从二人博弈推广到 n 人博弈,并把博弈论应用到经济领域。所以,冯·诺伊曼也有"博弈论之父"的美称。美国的另一个数学家、经济学家约翰·纳什,他的一个博弈论理论,已经成为人们分析经济问题的极为有力的工具,为此,他获得了1994年的诺贝尔经济学奖。

小唐同学的遭遇

　　我们又回到了刚才那个虚拟世界，暗红色的天空，黑沉沉的海面。

　　不到 5 秒钟，八戒、沙沙同学、小唐同学、女主人和老爷爷穿着海盗服，又从山头翻过来了。海盗沙沙提着一只箱子，不用说，里面有 100 颗钻石。

　　"悟空，这次你准备让小唐同学抽到 1 ？"我坐在船头，问坐在船尾的悟空。

　　"是的，寒老师。"悟空说，"我倒要看看，师父到底能不能提出最佳分配方案。"

　　"你们两个划船的，"海盗沙沙朝我和悟空大喊，"把船划过来，我们要登船！"

"好的好的。"悟空说。

当5个海盗上船后，我问："5位大侠，你们要去哪里？"

海盗小唐凶神恶煞般地说："别废话，给我往大海深处划！"

我和悟空不说话，默默地把船划向大海深处。

"怎么分？"海盗八戒看着其他4人，冷冷地问道。

"还能怎么分？平分呗！"女海盗又说。

....

他们的对话跟之前的一样，于是，他们开始抽签。不同的是，悟空这次变了一下，让小唐同学抽到了1，现在，他成了第一个提出分配方案的人。

抽签结果为：

1	2	3	4	5
小唐	女海盗	八戒	沙沙	老海盗

正当海盗小唐要说出自己的分配方案时，悟空又伸出食指，指着他说："变！"

悟空话音一落，海盗小唐身体抖了一下，变回了小唐同学。他看了看其他4个海盗，又回头看了看我们，最后看向大海，此时，好几条大鲨鱼正在我们的船周围游动……

"妈呀，刚才我还不怕呢。"小唐同学说，"可是现在……悟空，如果出现意外，你得赶紧停止这个游戏，一定！"

"好的，师父。"悟空安慰道。

"婆婆妈妈干什么呢？"女海盗一脸不耐烦，"真不像个男人！"

小唐同学转向她，满脸堆笑："女侠，别着急，待会儿我会让你得到最多的钻石。"

"那还差不多。"女海盗说。

"还有我呢？"海盗八戒凶巴巴地看着小唐同学。

"你也会得到最多的钻石，我保证！"小唐同学拍着胸脯说。

"那么……"海盗沙沙冷冷地问道，"我呢？"

"很抱歉。"小唐同学得意地笑了，他指着海盗沙沙和老海盗，"哈哈，你俩一颗也没有，因为我只需要两个人赞成就行了。"

"等着瞧！"海盗沙沙咬牙切齿。

"哈哈哈，我知道你要投反对票。"小唐同学说，"但是，又有什么用呢？"

"小唐同学，"我说，"为了你的安全，我还得提醒你一下，现在，除了你，他们几个还是海盗。首先，他们都非常聪明，都想存活下来；其次，他们都希望自己得到的钻石最多；最后，他们都会选择把别人扔出船外喂鲨鱼。"

"打住！"小唐同学不回头看我，只是把手一抬，示意我闭嘴，"我的分配方案是：女海盗得 35 颗钻石，八戒，哦，不，这个海盗兄弟得 35 颗钻石，我得 30 颗。下面，大家举手表决！"

海盗八戒高高地举起了手。

女海盗呢？哈哈，她此刻正满脸笑容。

"你！"小唐同学慌了，"你怎么还不满足？"

"我会满足的，"女海盗说，"当把你抛下海喂鲨鱼后。"

"你这个白眼狼！叛徒！"小唐同学气得浑身发抖，"我都让你比我多了！你还……"

"兄弟们，快，按规矩办事，"女海盗向其他人招呼道，"把他扔到海里喂鲨鱼！"

没有出现意外，小唐同学最终被大家抛到了海里。

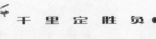

小唐同学被抛到海里后，几条大鲨鱼就朝他游去……

"救命！悟空！救命！"小唐同学在水里大喊道。

可是此时，悟空却装作没听见，他看着其他4个正哈哈大笑的海盗，也跟着嘿嘿乐了起来。

"悟空，赶紧变回去！"小唐同学又大喊道，"否则我要把你的小秘密说出来！我发誓！"

"说就说呗，反正听众只有一个，而且不是人，是鲨鱼。"悟空说，"在它的肚子里，你想怎么说都行。"

"啊——"小唐同学发出了第一声惨叫。

显然，鲨鱼已经开始咬第一口了，或者是小唐同学的大腿被咬，或者是小唐同学的屁股被咬。总之，我们看到他身边有3条大鲨鱼。

"啊——"这是小唐同学发出的第二声惨叫。

悟空担心他被吓死，见好就收，于是变回到了现实世界。

…………

"呜……"小唐同学埋着

头，两手捂着脸，哭道，"吓死我了！"

"哈哈哈……"八戒一看，大笑起来，"师父，你不是说你找到最佳分配方案了吗？"

"白眼狼！"小唐同学抬起头，望着女主人，"你贪得无厌！"

"哈哈哈……"女主人笑得前仰后合，笑完后说，"这不怪我，在那个世界里，我就是一个残忍的海盗。我也不知道为什么，反正就是想把你扔到海里去。"

"这道题有问题！"小唐同学指着我怒气冲冲地说，"不，这个游戏有问题！寒老师，你这是故意折磨我和八戒，拿我俩逗乐！"

"这道题有什么问题呀？"我问。

"谁第一个提出分配方案谁就得死！"小唐同学说。

"那可不见得。"我说，"我早就告诉你们了，海盗全是无人性的，你们轻敌，怪谁呀。"

"好好好！"小唐同学说，"这次你来，你来扮海盗，你第一个提出分配方案！"

"我举双手赞同！"八戒高高地举起双手，"这次无论如何我都会投反对票的！"

"我也是！"小唐同学狠狠地说，"我要把寒老师投到海里！"

"好吧。"我说，"既然你俩还想当海盗，又都想把我投到海里，那么，女主人这次就当旁观者吧。"

"太好了！"女主人说，"这次我来代替寒老师的位置。"

说定后，悟空又让我们回到了那个虚拟世界。

....

悟空和女主人坐在漂在海中的小船上，女主人仰望山头。过了一会儿，我们 5 个海盗出现了。

一番几乎相同的对话后，我们 5 个海盗登上了小船。

"寒老师，这次你要倒霉了，嘻嘻嘻……"女主人说。

"谁是寒老师？谁是寒老师？我是海盗！"我对女主人大吼道，我也忘了以前的身份，"你们两个划船的，赶紧往大海深处划！"

几番对话后，又到了抽签的环节。抽签结果为：

1	2	3	4	5
寒老师	小唐	八戒	沙沙	老海盗

正当我要说出我的分配方案时，悟空又指着我大喊一声："变！"

话音一落，我的身体禁不住抖了一下，这下，我又恢复到以前的状态。我回头看了看悟空和女主人，笑道："哈哈，现在轮到我了。"

"是的，轮到你被喂鲨鱼了，嘻嘻嘻……"女主人用手捂着嘴，偷笑道。

"那可不见得。"我说。

"啰里啰唆的！"海盗小唐恶狠狠地对我吼道，"你到底还是不是海盗了？"

"就是，跟两个划船的有什么好说的？"海盗八戒说，"就好像你以前认识他们似的。赶紧说出你的分配方案！"

"我还是不是海盗，这并不重要。"我指着海盗小

唐说，"重要的是，待会儿
我绝不会分1颗钻石给你！"

"你敢！"海盗小唐恶狠狠地说。

"我当然敢了。"说完我又指向
海盗八戒，"你运气好，这次你能获
得1颗钻石。"

"1颗？"海盗八戒有点儿不相
信自己的耳朵，咬牙切齿道，"看来
你真是活腻了！"

"那么，我呢？"海盗沙沙冷冷地问。

"很抱歉。"我说，"你什么也得不到。"

海盗沙沙冷笑道："看来，你没几分钟可活了！"

"他们3个人要么没有，要么只分到1颗。"老海
盗看着我，"我想，至少我会得到30颗以上吧？"

"那是不可能的。"我说，"你也只能得到1颗，
这还算你运气好。"

悟空和女主人一听，大吃一惊。

"寒老师，你疯了？"悟空说，"待会儿你被鲨鱼撕咬时，可别怪我不救你！"

"不需要你救。"我转头看着他俩。

"这个游戏最刺激的地方，就是看着某人被扔到海里。"女主人笑道，"而我，马上就要看到这一幕了。"

"可别高兴得太早哦，女主人。"我说。

"别婆婆妈妈的了，赶紧分配！"海盗八戒对我吼道。

我转过头，看着其他4个海盗，说："我的分配方案，你们已经知道了。别不相信，我的分配方案就是这样的，第2个和第4个海盗什么也没有，第3个和第5个海盗各得到1颗钻石。"

排序	1	2	3	4	5
人员	寒老师	小唐	八戒	沙沙	老海盗
分得钻石	98	0	1	0	1

"天哪！"女主人惊叫道，"他真的这样分配了！"

我没有理会悟空和女主人，而是死死地盯着其他4个海盗："我知道你们都是绝顶聪明的人，我不多说了，下面开始举手表决吧。"

投票结果为：

排序	1	2	3	4	5
人员	寒老师	小唐	八戒	沙沙	老海盗
投票结果	赞成	反对	赞成	反对	赞成

"好啦！"我说，"我的方案获得通过！现在，我开始按照我的分配方案分钻石。"

说完，我打开了那只箱子，拿出2颗钻石，分给海盗八戒和老海盗各1颗。海盗小唐和海盗沙沙眼巴巴地看着我，但我就是没有给他们。

我锁上箱子，把箱子抱在怀里。

"这真是不可思议！"女主人说。

悟空也纳闷儿道："难道他们都一下子变傻了吗？"

"恰恰相反！"我说，"正因为他们没有变傻，而且一直都是聪明绝顶，自私自利，我才敢这样分配。"

"好了，"悟空说，"游戏结束，我们回到现实世界去。"

说完，我们7个人又回到了女主人的客厅里，大家坐在沙发上。

"奇怪！"悟空一脸不解，"你到底使了什么魔法？为什么那么多钻石，几乎被你一人独吞，这种分法却又获得了通过？"

"来！"我说，"让我们好好分析一下。"

「知识板块」

海盗的财宝分配方案

说真的，寒老师的分配方案是一个不可思议的分配方案。你可能会问：为什么它能获得通过呢？

让我们按抽签顺序从后往前推理一番，你就明白了。

抽签顺序为：

1	2	3	4	5
寒老师	小唐	八戒	沙沙	老海盗

假设1：前面3个人，即寒老师、小唐、八戒提出的方案都没有获得通过，他们3个人都被扔到了海里，只剩下沙沙和老海盗。此时，会出现什么情况呢？

很简单，沙沙会把100颗钻石据为己有，1颗也不给老海盗。

4	5
沙沙	老海盗

因为，当沙沙提出这个方案后，投票结果肯定为：沙沙赞成，老海盗反对。赞成票等于反对票，根据题目要求，将严格按照沙沙的方案来分配钻石。由此可见，对于位于第五的老海盗来说，他绝不希望前面3个海盗都死掉。

假设2：前面两个海盗被扔下海，只剩下八戒、沙沙、老海盗。此时，对于八戒来说，他肯定知道，如果自己死掉，沙沙就会独吞全部钻石（根据假设1）。所以，此时，只要八戒给最后一个海盗，也就是老海盗1颗钻石，那么老海盗就会赞同他的方案。如果八戒独吞100颗钻石，老海盗反对与不反对都将是一无所获，得到1颗钻石，总比什么也得不到强。所以，当只剩下3个海盗时，第三个海盗的分配方案是：

3	4	5
八戒	沙沙	老海盗
99	0	1

方案获得通过。由此可见，对于第四个海盗沙沙来说，他绝对不希望前面两个

海盗都被投到海里的情况出现。

假设3：第一个海盗被投到海里，剩下4个海盗。此时，由第二个海盗小唐提出分配方案，他只需要将1颗钻石分给第四个海盗沙沙，让他赞成即可。显然，如果第四个海盗沙沙反对，那么第二个海盗小唐将被投到海里，将剩下3个海盗，根据假设2，第四个海盗将什么也得不到。所以，第二个海盗的分配方案是：

2	3	4	5
小唐	八戒	沙沙	老海盗
99	0	1	0

根据以上情况，第一个海盗寒老师只需将2颗钻石分别分给第三个海盗八戒和第五个海盗老海盗就可以了。在这种情况下，海盗小唐和沙沙自然是反对的，如果八戒和老海盗也反对的话，那么第一个海盗寒老师将被投到海里，根据假设3，八戒和老海盗将一无所获。所以八戒和老海盗一定会赞成第一个海盗寒老师的分配方案，寒老师的分配方案也就获得了通过。

对战两囚徒

今天晚上，大家玩得可真是高兴。虽然在游戏中，八戒和小唐同学被扔下海，当时他俩哭爹叫娘的，但事后，他俩依然觉得很刺激，更别提其他人了。

老爷爷给我们安排了一个很大的房间，我们躺在床上东一句西一句地聊着天，不一会儿，我就睡着了。

正当我在做一个美梦的时候，八戒推醒了我。

"寒老师，寒老师，"八戒说，"你醒醒！"

"怎——么——啦？"我很不高兴，"你打断了我的美梦。"

"明天的担子还不知道由谁来挑呢。"八戒说。

"就这事？"我说。

"那你以为还有什么事呀？"八戒说，"明天的担子该由我师父和沙师弟中的一人挑，你说怎么办吧？"

"那你叫醒我干吗？直接叫他俩猜拳就是了。真是的。"

"好！"八戒一听，立即跑过去推醒了小唐同学和沙沙同学。

"我恨死你了，八戒！"小唐同学揉着眼睛说。

"我这是好心提醒你俩。"八戒催促道，"赶紧猜拳！"

"我不猜！"沙沙同学也揉着眼睛，"我要做题。"

"这大晚上的，谁给你出题呀！"我生气道，"赶紧猜拳，赶紧完事睡觉！"

沙沙同学这才不情愿地和小唐同学猜起拳来，不幸，他输了，明天的担子将由沙沙同学来挑。这下我们可以安心地睡觉了。

第二天早上8点我们才起床，吃过早餐后，我们就出发了。老爷爷把我们送到小镇的集市上，我们买了好多干粮放在箱子里，之后，向西行进。

然而，我们刚刚走出小镇，老爷爷就追过来了。

"奇怪。"沙沙同学一边放下担子，一边说，"老爷爷难道希望我们长住下去？"

"想得美。"八戒说。

老爷爷走到我们面前,不好意思地说:"哎呀,真抱歉,我又来找你们了。"

"老爷爷,瞧您说的,有什么事您尽管说。"沙沙同学说。

"刚才送完你们后,我在小镇上听到一件事。"老爷爷说,"昨天,一个村的村民抓到两个偷牛的人,可是,这两个人死活不认罪,村民们毫无办法……"

"等等,老爷爷。"我打断道,"既然已经抓到他俩偷牛了,为什么他俩还不认罪?"

"是这样的。"老爷爷说,"昨天早上,那个村的村民张二傻一早起来,发现自家的牛不见了,于是号啕大哭。张二傻家很穷,全靠这头牛耕田养家。他家要是没牛耕田,就种不了粮食,然后就更穷了,甚至可能吃不上饭……"

"然后呢?"八戒打断老爷爷的话。

"张二傻也真是可怜,他当时哭得很伤心。他家的两个小孩一看爸爸哭了,也跟着哭起来。全村的人都非常同情他们。"

"确实让人同情。"悟空说,"这该死的小偷!"

"所以呀,"老爷爷又说,"全村上百人聚在一起商议决定,大家花一天时间兵分4路,向东西南北4个方向出发,去抓小偷,找牛。"

"找到牛了吗?"小唐同学急忙问。

"唉……"老爷爷说,"叫我怎么说呢,这事很复杂。是这样的,朝北出发的村民在中午时分,远远地看到山坡下的小路上有一头牛,牛的左右两边各跟着一个人。大家一看那头牛就是张二傻家的牛,认为那两个人就是小偷,于是急忙跑过去。你们猜怎么着……"

"怎么着?"悟空赶紧问。

"那两个人见过来一群人,依然不慌不忙,大摇大摆地走路,只是,他们离开了牛,就好像那牛跟他俩无关似的。"老爷爷说,"你们说气人不气人?"

"确实气人。您接着往下说。"八戒催促道。

老爷爷说:"村民们牵住了牛,也准备把这两个人带回村里。可是……"

"可是什么?赶紧说呀,老爷爷。"小唐同学说。

"可是当村民们上前询问并准备抓他俩的时候,他俩死活不认账。"老爷爷说。

"他俩到底怎么说?"悟空问。

　　"他俩说：'我们在路上行走，你们为什么要抓我们？'"老爷爷一脸气愤，"你们说这俩小偷是不是太可气了？"

　　"可气可恶！"悟空愤怒道，"那后来呢？"

　　"村民们对那两个人说：'你俩就是偷牛贼！之前我们还看到你俩跟牛在一起走路！'而那两个人却说：'大老远的，你们看走眼了，我们并没有跟牛在一起。偷牛贼早跑了，因为我们之前看到一个人牵着牛，后来不知怎的，那人丢下牛，慌慌张张地朝山坡上跑了。'"老爷爷说。

　　"大骗子！"八戒说。

　　"是呀！"老爷爷说，"村民们也认为他们说谎，因为村民们根本就没看到这附近有其他人，于是把他俩抓了回去。可是，他俩死活不承认偷了牛，还说村民私自抓人，要去公安局告他们。"

　　"恶人先告状！"八戒咬牙切齿。

　　"那村民们现在应该把他俩送到公安局，让警察来审问他们。"小唐同学说，"您说是不是，老爷爷？"

　　"唉！你们不知道。"老爷爷叹了口气，"村民们昨天把他俩抓回去后，以为能审问出来，结果却没有。

村民们已经私自把那两个人关了一天一夜，如果此时把他们送到公安局，他们可能会反过来告村民，所以……"

小唐同学说："抓到嫌疑人后，应该第一时间把嫌疑人送到公安局或派出所才是。村民私自关押两个没有定罪的人，确实不对。"

"确实。"老爷爷说，"那怎么办呀？你们可有办法？"

"待我去审审！"悟空说完，准备动身。

"你去有什么用？"小唐同学说，"你是能钻到别人的肚子里，但钻不到别人的心里，如果那两个人死活不招，你什么办法也没有。"

"这……"悟空一听，有点儿犹豫了。

"去吧，"我说，"也许我们能想出办法来。"

"太感谢了！"老爷爷说，"被偷牛的那个村叫响水塘村，不瞒你们说，我其实就是那个村的人，只是在镇上给人家当管家而已。我先代表全村的人谢谢你们！"

"老爷爷，您别客气！"沙沙同学说。

"就是，我们还不知道能不能帮上忙呢。"小唐同学说。

"别说了，咱们赶紧去会会那两个人。"悟空说。

老爷爷带着我们朝小镇的北面出发，走了半小时，我们来到了三面环山的响水塘村。

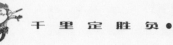
在村民的带领下，我们来到了一间无窗户的房屋前。

"就是这里。"老爷爷指着那间房屋说。

小唐同学很好奇，第一个走过去，推开门往里面一看，结果……

"看什么看！"里面的一个人大吼一声，砰地把门关上了。

小唐同学猝不及防，吓得往后一退，正巧被一块石头绊倒，一屁股坐在了地上。

"太猖狂了！"悟空气得走上前，一脚踹开了门，"你们这两个偷牛贼居然如此大胆，快如实招来！"

"满脸长毛的丑八怪！"其中一个人骂道，"你说话注意点儿，我们不是偷牛贼，没什么好招的！"

"你敢骂我！"悟空挥起金箍棒，准备一棒子打下去，但被沙沙同学一把拉住了。

"大师兄万万不可！"沙沙同学拉着悟空的胳膊，"我

们现在还不能确定他们就是小偷，再说了，即使他们是小偷，你也不能一棒子把他们打死，那是犯法的！"

"唉！"悟空气得差点儿把金箍棒扔掉，转回身问我，"寒老师，你说怎么办呀？他们死活不招。"

我没有回答悟空的问题，而是问老爷爷："我有一个办法让他们说实话，但是需要把这两个人关在不同的地方，这两个地方最好相距几十米远。"

"这好办。"老爷爷说，"我这就叫人去做。"

十几分钟后，其中一个嫌疑人被关到了张二傻家，另一个还关在原处。我们故意等了40分钟，才去张二傻家见关在那里的嫌疑人。

此人的头发很长，双目无神，穿着一件蓝白相间的T恤，有点儿脏。

"你叫什么名字？多大了？"我在一张桌子旁坐下后，问道。

"本人行不更名坐不改姓，我叫叶强，28岁。"他坐在桌子对面，一脸愤怒。

"叶强，你别激动，咱们好好聊聊。"我说。

"看你像个文化人。"叶强说，"你可知道，私自关押人是犯法的！"

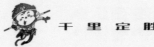

"我当然知道。"我说,"不过,既然已经私自关押了,为何不继续关押下去呢?"

"你……你们真是无法无天!"叶强说。

"实际上,要断定你俩是不是偷牛贼非常简单。"我看着他说,"你想不想听听?"

"听什么呀,我们又不是偷牛贼。"

"还是听听吧。"我说,"你俩偷牛,一定会跟牛接触,牛身上的一些表皮细胞会掉落在你们身上,公安部门用科学方法一检测就能发现。这只是断定你们偷没偷牛的方法之一。"

"呵呵,你别吓我,"叶强说,"我可不是被吓大的!"

"还有一个方法。我们已经知道你们是哪个村的了。今天下午,响水塘的人就会到你们村,找到你家,对你父母说,你家儿子叶强偷牛被抓了,需要拿钱去赎回来。"

"你敢!"叶强站了起来。

"为什么不敢?"我说,"如果你父母一把鼻涕一把泪地问,需要多少钱才能赎回你,那么你说,这事儿该怎么办?"

"你们……你们不要太过分了!"叶强气得浑身发抖。

悟空说:"我们不但要到你家跟你父母说,还要在

你们村里四处宣扬你偷牛被抓的消息。"

"你！"叶强站起来，激动地指着悟空。

"你别激动，先坐下。"我说，"事情不是不能商量。如我刚才所说，我们有很多办法可以确认你们是不是偷牛贼，其中有的办法确实对你们伤害很大。不过，如果你们死活不招，那我们只好把没人性的办法也用上了。现在给你几个选择，你想听听吗？"

"听什么？"叶强说，"我又不是偷牛贼！"

我没理他，继续说："第一个选择是，如果你的同伙还是保持沉默，而你认罪了，并指认你的同伙也是偷牛贼，那么我们可以把你放了，只将你的同伙送到公安局。你应该知道，偷牛可不比偷鸡，如果情节严重，可能被判刑几年。

"第二个选择是，你死活不认罪，可是你的同伙招供了，并指认你也是偷牛贼，那么，你的同伙马上被放，而你可能面临几年徒刑。

"第三个选择是，你俩死活不认罪。村民将把你们关押半年，在这半年中，全村人会齐心协力寻找你俩就是偷牛贼的证据。

"第四个选择是，你认罪并检举了你的同伙，但是，

因为你认罪的时间太晚了，结果你的同伙也认罪并检举了你。也就是说，你俩几乎同时认罪。此时，你的检举就没用了，村民依然会把你俩送到公安局定罪。"

"别费心思了！"叶强说，"我不会做任何选择，因为我不是偷牛贼！"

"没关系。"我说，"你不想无罪释放，也许你的同伙想。或者说，你的同伙可能比你聪明一点点，他会想：既然一个人坐牢就可以了，那么为什么非要两个人都坐牢呢？这可不是背叛与不背叛的问题，这只是一个数学题而已。"

"你快点儿做决定吧。这些选择，我们之前也给你的同伙说了，他正在思考要不要举报你呢。现在，我们马上去问问你的同伙。"我指了下八戒，"他就在门外等着，如果你决定了，就跟他说，希望你没有慢半拍。"

说完，我们离开了张二傻家，只留下八戒在屋外等着。

我们又来到那间无窗户的屋子。

进门后，我们把门开得大大的，好让外面的光线照进来。

这里关的那个嫌疑人名叫张一定，也是28岁，卷发，脸上坑坑洼洼的，看上去挺可怕的。

搬进来一张桌子后，张一定坐在我们对面，我把对叶强说的那些话以及几个选择一五一十地给张一定说了一遍。

"怎么样？"我说，"要说就早点儿说，如果叶强早你一步，你就完了。"

"呵呵。"张一定冷笑道。

正在这时，外面传来了八戒的喊声。

"寒老师！寒老师！"八戒的声音越来越近。

"怎么啦？"悟空问，"叶强逃跑了？"

"不是不是！"八戒走进屋，"你们别在这里浪费时间了，叶强，他，他……"

"他什么呀？慌里慌张的。"小唐同学问。

"他招了！他说张一定是主谋。"八戒一边说，一边拉着我们，"赶紧走，你们自己去听。"

我们看也没看张一定一眼，就跟着八戒走出门外。

"叶强，你这个王八蛋！"张一定在屋里大骂道，"王八蛋！胆小鬼！"

我一听，心里乐了，转身对他说："我早就告诉你了，要么你招，你被释放回家；要么他招，你坐牢。你完了。我们将会放了叶强，对于我们来说，抓一个就够了。"

说完，我又转身准备离开。

"等等！"张一定说，"我不是什么主谋，他才是主谋！"

"嗨，张一定，我有个建议。"我又转过身对他说，"这次，就让叶强欠你一个人情，你把罪全揽到自己身上，说此事与他无关，这样的话，叶强一辈子都欠你的，何必让他也坐牢呢？"

"休想！这个王八蛋！"张一定说，"他才是主谋！"

"可是你有证据吗？"小唐同学问。

"我当然有了。"

"那好，你去跟他当面对质。"我说。

"走！"他大声说。

于是，我们带着张一定来到了关押叶强的小屋。

刚推开门，张一定就大声吼道："你这个叛徒！当初是你拉着我干这事的，现在你却说我是主谋！你这个王八蛋！"

张一定越说越来气，伸脚就去踢叶强。

叶强一边推开他，一边大骂道："走开走开，你这个白痴！我压根儿就没有承认！"

"什么？"张一定回头看八戒。

"哈哈哈……叶强确实没有认罪。"八戒大笑道，"但是现在，你俩承不承认也没有关系了，因为我们已经确认，你俩就是偷牛贼。"

张一定一听，愤怒地朝八戒扑去。

八戒也不是好惹的，他抬起一脚，就把张一定踢倒在地。

叶强上前扶起张一定，说："别急，虽然你刚才承认了，但是口说无凭，到公安局后，我们不认罪就是了。"

"很抱歉。"我说，"刚才你俩的对话，我们已经录下来了。"

说完，我们走出屋，锁上了门。

「知识板块」

囚 徒 博 弈

唐猴沙猪和寒老师确认两个偷牛贼的过程，其实是博弈论中一个非常著名的例子，叫作囚徒博弈或者囚徒困境。

1950 年，美国的两名学者首先提出了囚徒博弈的理论。他们用嫌疑人来演示这个数学理论：

警方逮捕了两个嫌疑人，但是却没有足够的证据指控二人有罪。于是，警方把两个嫌疑人分别关在不同的地方，分别与二人谈话，向他们提供以下选择：

一、如果有一个人认罪并背叛对方，而对方保持沉默，那么这个人将被无罪释放，沉默的那个人将被判刑 10 年。

二、如果两个人都保持沉默，那么两个人都将被判刑 8 年。

三、如果两个人互相背叛，那么两个人将被各判 5 年。

由于两个嫌疑人是隔离开的，他们并不知道对方会不会背叛自己，但是他们每个人都知道这 3 种选择，也很清楚不管另一个人是不是背叛自己，自己只有在背叛的情况下才能获得最大的利益。所以，两个人在理性思考后大都会选择背叛。

这就是博弈论中著名的囚徒博弈。

确认了两人是偷牛贼后，已经是中午了。老爷爷带着我们回到镇上，在之前的那个餐馆里吃了午饭。之后，我们又出发了。

在未来的路上，他们又将会遇到哪些危险，或者有趣的事呢？欲知后事如何，请看下一册——《智斗外星人》。